Prüfordnung für elektrische Meßgeräte

vom 1. Januar 1933

Herausgegeben

von der

Physikalisch-Technischen Reichsanstalt

Amtliche Ausgabe

Mit 10 Tafeln

Berlin

Verlag von Julius Springer

1933

ISBN-13: 978-3-642-98910-0 e-ISBN-13: 978-3-642-99725-9
DOI: 10.1007/978-3-642-99725-9

Alle Rechte vorbehalten.

Inhaltsverzeichnis.

II. Strom- und Spannungswandler.

III. Zähler in Verbindung mit Meßwandlern.

IV. Strom-, Spannungs- und Leistungsmesser.

F. Bestimmungen über die Beglaubigung von Meßgeräten.

I. Die Beglaubigung von Elektrizitätszählern.

II. Die Beglaubigung von Meßwandlern.

III. Die Beglaubigung von Strom-, Spannungs- und Leistungsmessern.

G. Verkehrsfehlergrenzen.

H. Gebühren der Physikalisch-Technischen Reichsanstalt.

I. Systemprüfungen.

II. Stückprüfungen.

Elektrizitätszähler.

Strom- und Spannungswandler.

Strom-, Spannungs- und Leistungsmesser.

Allgemeine Bestimmungen.

J. Gebühren der Elektrischen Prüfämter.

Stückprüfungen.

Allgemeine Bestimmungen.

K. Anhang.

Tafeln.

Inhaltsverzeichnis.

II. Strom- und Spannungswandler.

III. Zähler in Verbindung mit Meßwandlern.

IV. Strom-, Spannungs- und Leistungsmesser.

F. Bestimmungen über die Beglaubigung von Meßgeräten.

I. Die Beglaubigung von Elektrizitätszählern.

II. Die Beglaubigung von Meßwandlern.

Prüfordnung für elektrische Meßgeräte.

Auf Grund des § 10 des Gesetzes betr. die elektrischen Maßeinheiten vom 1. Juni 1898 (RGBl. 1898 S. 905) wird die nachstehende Prüfordnung für elektrische Meßgeräte erlassen. Die Prüfordnung vom 2. August 1926 wird gleichzeitig außer Kraft gesetzt.

A. Vorbemerkungen.

1. **Unter die Prüfordnung fallende Meßgeräte.** Die Prüfordnung bezieht sich auf diejenigen elektrischen Meßgeräte, die bei der gewerbsmäßigen Abgabe elektrischer Arbeit zur Bestimmung der Vergütung dienen und als solche unter die Vorschriften des Gesetzes betr. die elektrischen Maßeinheiten (abgekürzt G. e. M.) fallen[1]. Hierfür kommen zur Zeit in Frage Elektrizitätszähler, Strom- und Spannungswandler, Strom-, Spannungs- und Leistungsmesser.
2. **Gesetzliche Vorschriften für Meßgeräte nach Ziffer 1.** Nach § 6 des G. e. M. müssen die Angaben der in Ziffer 1 bezeichneten Meßgeräte auf den gesetzlichen Einheiten beruhen. Der Gebrauch unrichtiger Meßgeräte ist verboten.
3. **Gesetzliche Strafen für Übertretung der Vorschriften.** Nach § 12 des G. e. M. wird derjenige, der den Bestimmungen des § 6 des G. e. M. zuwiderhandelt, mit Geldstrafe bis zu 100 *RM* oder mit Haft bis zu 4 Wochen bestraft. Neben der Strafe kann auf Einziehung der vorschriftswidrigen oder unrichtigen Meßgeräte erkannt werden.
4. **Bedeutung der Verkehrsfehlergrenzen.** Unrichtig im Sinne des G. e. M. sind Elektrizitätszähler, deren Fehler außerhalb der Verkehrsfehlergrenzen (s. Ziffer 52—53) liegen.

---

[1] Ein Abdruck des G. e. M. ist im Anhang gegeben.

Durch die Verkehrsfehler sind also diejenigen Fälle des Gebrauches unrichtiger Elektrizitätszähler begrenzt worden, die nach den strafrechtlichen Bestimmungen des § 12 des G. e. M. strafbar sind.

In welchen Fällen die anderen, in Ziffer 1 bezeichneten Meßgeräte als unrichtig im Sinne der strafrechtlichen Bestimmungen zu gelten haben, ist gesetzlich nicht festgelegt.

5. **Bedeutung der Beglaubigungsfehlergrenzen.** Die Verkehrsfehlergrenzen, deren Überschreitung mit Strafe bedroht wird, mußten naturgemäß weit gesteckt werden. Hierdurch wird die Verpflichtung des Stromlieferers nicht berührt, „richtig" eingestellte Zähler zu verwenden. Als richtig in diesem Sinne gelten Elektrizitätszähler, deren Angaben mindestens die Beglaubigungsfehlergrenzen einhalten (s. Ziffer 40—45).

B. Amtliche Prüfstellen.

6. **Verzeichnis der Prüfstellen; Meßbereiche**[1]. Amtliche Prüfungen elektrischer Meßgeräte werden durch die Physikalisch-Technische Reichsanstalt (PTR) und durch die nachstehend angeführten Elektrischen Prüfämter (EP), denen der Reichskanzler die Prüfbefugnis auf Grund des § 9 des G. e. M. übertragen hat, ausgeführt.

Bezeichnung der Prüfstelle	Anschrift	Meßbereiche			Art der Meßgeräte, die geprüft werden
		Stromart	Stromstärke	Spannung.	
Physikalisch-Technische Reichsanstalt (PTR)	Charlottenburg, Werner-Siemensstr. 8—12	Gleichstrom Wechselstr. Drehstrom desgl.[2]	15000 A 10000 A 10000 A 3000 A	100000 V 260000 V 150000 V 25000 V	Elektrizitätszähler, Strom-, Spannungs- und Leistungsmesser, Strom- und Spannungswandler
Elektrisches Prüfamt 1 (EP 1)	Ilmenau i. Thüringen, Nordstr. 7a	Gleichstrom Wechsel- u. Drehstrom desgl.[2] desgl.[2]	1200 A 1000 A 400 A 100 A	1000 V 50000 V 12000 V 50000 V	Elektrizitätszähler, Strom-, Spannungs- und Leistungsmesser, Strom- und Spannungswandler

[1] Stand vom Dez. 1932. [2] Am Betriebsort.

Bezeichnung der Prüfstelle	Anschrift	Meßbereiche			Art der Meßgeräte, die geprüft werden
		Stromart	Stromstärke	Spannung	
Elektrisches Prüfamt 2 (EP 2)	Hamburg 5, Lübeckertor 24	Gleichstrom Wechsel- u. Drehstrom	1000 A 200 A	750 V 10000 V	Elektrizitätszähler, Strom-, Spannungs- und Leistungsmesser, Strom- und Spannungswandler
Elektrisches Prüfamt 3 (EP 3)	München O 8, Zweibrückenstraße 33a	Gleichstrom Wechsel- u. Drehstrom	3000 A 400 A	1000 V 25000 V	Elektrizitätszähler, Strom-, Spannungs- und Leistungsmesser, Strom- und Spannungswandler
Elektrisches Prüfamt 4 (EP 4)	Nürnberg 2, Postschließfach 20	Gleichstrom Wechsel- u. Drehstrom desgl.[1] desgl.[1]	2000 A 3000 A 1200 A 300 A	1000 V 50000 V 12000 V 24000 V	Elektrizitätszähler, Strom-, Spannungs- und Leistungsmesser, Strom- und Spannungswandler
Elektrisches Prüfamt 5 (EP 5)	Kaiserslautern, Postschließfach 150, Villenstr. 5	Gleichstrom Wechsel- u. Drehstrom	200 A 200 A	600 V 400 V	Elektrizitätszähler, Strom-, Spannungs- und Leistungsmesser
Elektrisches Prüfamt 6 (EP 6)	Frankfurt a. M., Gutleutstr. 280	Gleichstrom Wechselstr. Drehstrom desgl.[1]	3000 A 1500 A 400 A 400 A	750 V 3000 V 22000 V 12000 V	Elektrizitätszähler, Strom-, Spannungs- und Leistungsmesser, Strom- und Spannungswandler (100 A, 5000 V)
Elektrisches Prüfamt 7 (EP 7)	Bremen, Schlachthof-Ecke Findorffstraße	Gleichstrom Wechsel- u. Drehstrom desgl.[1] desgl.[1]	200 A 400 A 500 A 200 A	500 V 22000 V 12000 V 22000 V	Elektrizitätszähler, Strom-, Spannungs- und Leistungsmesser
Elektrisches Prüfamt 8 (EP 8)	Königsberg i. Pr., Weidendamm 3	Gleichstrom Wechsel- u. Drehstrom	150 A 200 A	480 V 600 V	Elektrizitätszähler, Strom-, Spannungs- und Leistungsmesser
Elektrisches Prüfamt 9 (EP 9)	Halle a. S., Magdeburger Str. 50	Gleichstrom desgl.[1] Wechsel- u. Drehstrom desgl.[1]	100 A 1500 A 80 A 5000 A	500 V 1500 V 500 V 6000 V	Elektrizitätszähler, Strom-, Spannungs- und Leistungsmesser

[1] Am Betriebsort.

Bezeichnung der Prüfstelle	Anschrift	Meßbereiche			Art der Meßgeräte, die geprüft werden
		Stromart	Stromstärke	Spannung	
Elektrisches Prüfamt 10 (EP 10)[2]	Essen, Viehoferstraße 125	Gleichstrom desgl.[1] Wechsel- u. Drehstrom desgl.[1]	1000 A 3000 A 5000 A 3000 A	1000 V 1500 V 125000 V 25000 V	Elektrizitätszähler, Strom-, Spannungs- und Leistungsmesser, Strom- und Spannungswandler
Elektrisches Prüfamt 11 (EP 11)	Ravensburg, Kolpingstr. 9	Gleichstrom Wechsel- u. Drehstrom desgl.[1] desgl.[1]	300 A 1000 A 500 A 300 A	750 V 20000 V 15000 V 55000 V	Elektrizitätszähler, Strom-, Spannungs- und Leistungsmesser, Strom- und Spannungswandler
Elektrisches Prüfamt 12 (EP 12)	Wuppertal-Oberbarmen, Mohrenstr. 42	Gleichstrom Wechsel- u. Drehstrom desgl.[1]	3500 A 3000 A 1200 A	1000 V 50000 V 25000 V	Elektrizitätszähler, Strom-, Spannungs- und Leistungsmesser, Strom- und Spannungswandler
Elektrisches Prüfamt 13 (EP 13)[3]	Kassel, Wilhelmshöher Allee 2	Gleichstrom desgl.[1] Wechsel- u. Drehstrom desgl.[1] desgl.[1]	200 A 300 A 1200 A 1200 A 600 A	300 V 750 V 25000 V 12000 V 24000 V	Elektrizitätszähler, Strom-, Spannungs- und Leistungsmesser, Strom- und Spannungswandler
Elektrisches Prüfamt 14 (EP 14)	Oranienburg, Bismarckstr. 32	Gleichstrom Wechselstr. Drehstrom desgl.[1]	300 A 1500 A 1500 A 200 A	500 V 25000 V 20000 V 20000 V	Elektrizitätszähler, Strom-, Spannungs- und Leistungsmesser, Strom- und Spannungswandler
Elektrisches Prüfamt 15 (EP 15)	Stuttgart, Sophienstr. 37	Gleichstrom desgl.[1] Wechsel- u. Drehstrom desgl.[1] desgl.[1]	1500 A 7500 A 500 A 1500 A 500 A	750 V 750 V 35000 V 12000 V 35000 V	Elektrizitätszähler, Strom-, Spannungs- und Leistungsmesser, Strom- und Spannungswandler
Elektrisches Prüfamt 16 (EP 16)	Kiel, Knooperweg 75	Gleichstrom desgl.[1] Wechsel- u. Drehstrom desgl.[1]	750 A 3000 A 2000 A 1200 A	500 V 750 V 25000 V 12000 V	Elektrizitätszähler, Strom-, Spannungs- und Leistungsmesser, Strom- und Spannungswandler

[1] Am Betriebsort.

[2] Hierzu die Außenstellen Essen, Crefeld, Düren, Neuß, Osnabrück, Wesel, Lennep, Siegen, Trier, Idar und Bad Kreuznach.

[3] Hierzu die Außenstellen Kassel, Göttingen, Marburg a. L., Gießen, Hanau und Fulda.

Bezeichnung der Prüfstelle	Anschrift	Meßbereiche			Art der Meßgeräte, die geprüft werden
		Stromart	Strom-stärke	Span-nung	
Elektrisches Prüfamt 17 (EP 17)	Rendsburg, Postschließ-fach 66, Gorch-Fock-Straße 3	Gleichstrom Wechsel- u. Drehstrom desgl.[1]	100 A 500 A 500 A	440 V 50000 V 600 V	Elektrizitätszähler, Strom-, Spannungs- und Leistungsmesser, Strom- und Spannungswandler
Elektrisches Prüfamt 18) (EP 18)	Berlin NW 6, Schiffbauer-damm 22	Gleichstrom desgl.[1] Wechsel- u. Drehstrom desgl.[1]	2000 A 200 A 3000 A 200 A	600 V 600 V 25000 V 600 V	Elektrizitätszähler, Strom-, Spannungs- und Leistungsmesser, Strom- und Spannungswandler
Elektrisches Prüfamt 19 (EP 19)	Hannover, Georgsplatz 20	Gleichstrom desgl.[1] Wechsel- u. Drehstrom desgl.[1] desgl.[1]	600 A 1500 A 500 A 500 A 120 A	550 V 1500 V 60000 V 750 V 15000 V	Elektrizitätszähler, Strom-, Spannungs- und Leistungsmesser, Strom- und Spannungswandler
Elektrisches Prüfamt 20 (EP 20)	Gleiwitz 1, Schließfach Nr. 61, Kreidelstr. 2	Gleichstrom desgl.[1] Wechsel- u. Drehstrom desgl.[1]	100 A 300 A 1000 A 1500 A	300 V 300 V 6000 V 6000 V	Elektrizitätszähler, Strom-, Spannungs- und Leistungsmesser, Strom- und Spannungswandler

7. Der Reichsanstalt vorbehaltene Arbeiten.

a) Die PTR führt die technische Aufsicht über das Prüfwesen im ganzen Reichsgebiete und erläßt alle darauf bezüglichen technischen Vorschriften.

b) Sie bestimmt, welche Systeme von elektrischen Meßgeräten zur amtlichen Beglaubigung zugelassen werden.

c) Sie führt die für die Zulassung zur Beglaubigung erforderlichen *Systemprüfungen* aus.

8. Befugnisse der Prüfämter. Die Prüfämter sind befugt, innerhalb der unter Ziffer 6 angegebenen Meßbereiche *Stückprüfungen* auszuführen von

a) Elektrizitätszählern,

b) Strom-, Spannungs- und Leistungsmessern,

c) Strom- und Spannungswandlern,

und diese Meßgeräte gegebenenfalls zu beglaubigen (s. Ziffern 9 und 10).

[1] Am Betriebsorte.

C. Prüfung und Beglaubigung. Zulassung zur Beglaubigung. Systemprüfung.

9. **Bedeutung der Beglaubigung.** Elektrische Meßgeräte, die einer Stückprüfung unterzogen sind, können unter der Voraussetzung gemäß Ziffer 10 amtlich beglaubigt werden. Die Beglaubigung bringt zum Ausdruck, daß nicht nur eine Richtigkeit der Angaben innerhalb gewisser Fehlergrenzen gewährleistet ist (vgl. Ziffer 5), sondern daß auch eine hinlängliche Unveränderlichkeit der Angaben (auf Grund der Systemprüfung gemäß Ziffer 10) zu erwarten ist. Die Beglaubigungsfehlergrenzen sind unter den Ziffern 40—45, 47—49, 51 angegeben.

10. **Bedeutung der Systemprüfung.** Eine Beglaubigung kann nur bei solchen Meßgeräten ausgesprochen werden, für die Fehlergrenzen festgesetzt und veröffentlicht worden sind, und deren System von der PTR zur Beglaubigung zugelassen worden ist. Die Zulassung zur Beglaubigung erfolgt auf Grund einer von der PTR vorgenommenen Systemprüfung.

D. Bestimmungen über Systemprüfungen.

11. **Anträge auf Systemprüfungen.** Für die Systemprüfung eines Systems von Meßgeräten sind im allgemeinen 5 Meßgeräte von verschiedenen Meßbereichen zugleich mit folgenden Unterlagen an die PTR einzureichen:

    a) eine kurze, für die Veröffentlichung bestimmte Beschreibung der Meßgeräte, in der die Bezeichnung der Meßgeräte, ihre Meßbereiche, Wirkungsweise, Schaltung, Regelung und Eigenschaften anzugeben sind;

    b) eine ergänzende, nur für den amtlichen Gebrauch bestimmte Beschreibung, in der alle für die Wirkungsweise, die Eigenschaften und die Kennzeichnung des Meßgeräts wichtigen Einzelheiten des Aufbaues und des Materials festgelegt sind;

c) eine für den amtlichen Gebrauch bestimmte Ansichts- oder Konstruktionszeichnung des Meßgeräts (Weiß- oder Blaupause, Papierformat VDI-Norm Nr. 476 21,0 × 29,7 cm. Muster: Abb. 1 und 2 der amtlichen Bekanntmachung Nr. 96 der PTR in der Elektrotechnischen Zeitschrift 1915, H. 15);

d) Patent- und Musterschutzschriften, die das Meßgerät oder Teile davon betreffen;

e) die in Ziffer 54 angegebenen Gebühren.

Die PTR behält sich vor, die Zahl der einzureichenden Meßgeräte je nach Bedarf zu erweitern oder zu beschränken, sowie weitere Unterlagen für die Prüfung nachzufordern.

12. Beschaffenheit der zur Systemprüfung einzureichenden Meßgeräte.

a) Die Meßgeräte müssen mit einem plombierbaren Gehäuse oder einer Schutzabdeckung derart umgeben sein, daß ein Eingriff in die messenden oder anzeigenden Teile ohne Verletzung der Plombe nicht möglich ist.

b) Die Gehäuse müssen ein Schild mit den in den Bestimmungen über die Beglaubigung von Meßgeräten (Abschnitt F) vorgeschriebenen Angaben (mit Ausnahme des Systemzeichens und der Systemnummer) tragen.

c) Bei anzeigenden Meßgeräten muß die Meßgröße entweder unmittelbar angezeigt werden oder sich durch Multiplikation mit einer auf dem Meßgerät angebrachten Zahl (Konstanten) aus der angezeigten Zahl errechnen lassen.

d) Über die inneren Eigenschaften der Meßgeräte sind keine zahlenmäßigen Festsetzungen getroffen worden. Es gilt jedoch der Grundsatz, daß nur solche Meßgeräte zur Beglaubigung zugelassen werden, die dem jeweiligen Entwicklungsstande der Technik entsprechen. Auch sollen die Meßgeräte im allgemeinen den vom Verband Deutscher Elektrotechniker aufgestellten Regeln und Normen entsprechen.

13. **Zulassung zur Beglaubigung.** Auf Grund der Ergebnisse der Systemprüfungen entscheidet die Physikalisch-Technische Reichsanstalt darüber, ob das betreffende System von Meßgeräten zur Beglaubigung zugelassen wird oder nicht.

Eine Ablehnung kann auch erfolgen, wenn nach Ansicht der PTR die Einrichtungen, die für eine gleichmäßige Herstellung der Meßgeräte und für die Einstellung und Kontrolle ihrer Angaben erforderlich sind, nicht vorhanden sind.

Die Zulassung wird in dem Reichsministerialblatt und in der Elektrotechnischen Zeitschrift veröffentlicht. Die Kosten der Veröffentlichung sind von dem Antragsteller neben den Prüfungsgebühren zu tragen.

Bei der Zulassung wird dem betreffenden Meßgerätsystem eine Systemnummer zugeteilt. Sie dient in Verbindung mit einem Systemzeichen zur Kennzeichnung der Meßgeräte. Systemzeichen und Systemnummer müssen auf den Gehäuseschildern aller Meßgeräte des zugelassenen Systems angebracht werden. Das Systemzeichen ist bei Elektrizitätszählern ein stilisiertes S, bei Strom-, Spannungs- und Leistungsmessern sowie bei Meßwandlern ein stilisiertes A.

Die Formbezeichnung einer zur Beglaubigung zugelassenen Meßgerätausführung darf nicht für eine andere Meßgerätausführung der betr. Firma verwendet werden.

Von den eingereichten Meßgeräten verbleiben in der Regel[1] zwei als Muster zur dauernden Verfügung der PTR, wenn das System zur Beglaubigung zugelassen wird. Die übrigen werden dem Antragsteller zurückgegeben. Wird die Zulassung versagt, so stehen dem Antragsteller sämtliche eingereichten Meßgeräte wieder zur Verfügung.

Die Zulassung eines Systems zur Beglaubigung gilt nur für diejenige Firma, die die Zulassung beantragt hat. Geht die Herstellung des Meßgeräts auf eine andere Firma über, so ist die Zulassung des Systems erneut zu beantragen.

---

[1] Ausnahmen hiervon können bei besonders kostbaren Apparaten auf Antrag zugelassen werden.

14. **Änderungen an den zur Beglaubigung zugelassenen Systemen. Ergänzungsprüfung.** Die als beglaubigungsfähig in den Verkehr gebrachten Meßgeräte müssen in ihrer Ausführung genau den Mustern entsprechen, die der Reichsanstalt bei der Systemprüfung vorgelegen haben. Sollen an ihnen Änderungen irgendwelcher Art vorgenommen werden, so ist der Reichsanstalt Mitteilung zu machen. Diese entscheidet darüber, ob eine neue Systemprüfung oder nur eine Ergänzungsprüfung erforderlich ist, oder ob die Zulassung der Änderung ohne weitere experimentelle Untersuchung ausgesprochen werden kann. Ist eine neue Systemprüfung nötig, so gelten sinngemäß die Bestimmungen der Ziffern 12 und 13.

Für eine Ergänzungsprüfung sind im allgemeinen zwei Meßgeräte, sowie die in Ziffer 55 angegebenen Gebühren einzusenden. Von den beiden Meßgeräten wird bei Zulassung des geänderten Systems eins dem Antragsteller zurückgegeben, bei Ablehnung beide.

Für die Zulassung einer Änderung, ohne daß eine experimentelle Untersuchung nötig ist, sind die Gebühren nach Ziffer 56 zu zahlen.

15. **Zurücknahme der Zulassung eines Systems.** Die Zulassung eines Systems zur Beglaubigung kann von der Physikalisch-Technischen Reichsanstalt zurückgezogen werden:

a) wenn die in den Verkehr gebrachten Meßgeräte nicht den zur Systemprüfung eingereichten Mustern entsprechen,
b) wenn sich im Betriebe bei den Meßgeräten Mängel herausstellen.

Die Zurücknahme erfolgt erst dann, wenn der Verfertiger trotz Aufforderung durch die PTR die gerügten Mängel nicht innerhalb eines halben Jahres beseitigt hat.

E. Verfahren bei der Stückprüfung.

Allgemeine Bestimmungen.

16. **Erledigungsfrist. Prüfungen außer der Reihe.** Die Prüfungen werden in derjenigen Reihenfolge erledigt, in der

die Prüfungsanträge und die zugehörigen Meßgeräte eingehen. Die Erledigungsfristen richten sich nach der jeweiligen Geschäftslage und werden dem Antragsteller in einem Benachrichtigungsschreiben (Bestätigungskarte) mitgeteilt. Unter Abweichung von der vorstehend angegebenen Reihenfolge können in dringenden Fällen und gegen Zahlung erhöhter Gebühren Prüfungen bevorzugt abgefertigt werden. (Prüfungen außer der Reihe.) Dem Antragsteller wird mitgeteilt, ob und in welcher Zeit die Prüfung außer der Reihe abgefertigt werden kann.

Auf Antrag werden Prüfungen auch außerhalb der Ämter am Betriebsort vorgenommen.

17. **Grundprüfung.** Die Grundprüfung umfaßt diejenigen Einzelprüfungen, die im allgemeinen notwendig und ausreichend sind, um das Verhalten eines Meßgerätes zu bestimmen. Weitere Messungen werden auf Antrag ausgeführt.

18. **Mitteilung des Prüfungsergebnisses.** Das Ergebnis der Prüfung wird dem Antragsteller mitgeteilt. Die PTR und die EP behalten sich jedoch das Recht vor, in den Fällen, in denen das Meßgerät bei der gewerbsmäßigen Abgabe elektrischer Arbeit zur Bestimmung der Vergütung dient, das Prüfungsergebnis beiden Parteien mitzuteilen, wenn dies nach Lage der Sache gerechtfertigt erscheint.

19. **Beschädigung von Meßgeräten bei der Prüfung.** Für Meßgeräte, die bei der Prüfung beschädigt werden, wird ein Ersatz nicht geleistet. Für das beschädigte, sowie für ein an seiner Stelle eingereichtes gleichartiges Meßgerät werden indes Prüfungsgebühren nicht erhoben.

Besondere Bestimmungen.

I. Elektrizitätszähler.

20. **Ausführung der Prüfungen.**

a) Prüfungen im Laboratorium. Die Grundprüfung erstreckt sich auf die Feststellung etwaigen Leerlaufs (bei Gleichstromzählern mit dem 1,1 fachen, bei Induktionszählern mit dem 1,1- und 0,9fachen der Nennspannung) und die Messung der Fehler für die in den nachstehenden Tabellen angegebenen Belastungen bei der Nennspannung. Ferner wird festgestellt, ob der Zähler bei 1 % (bei Gleichstrom-Wattstundenzählern bei 2 %) der Nennstromstärke anläuft. Fabrikneue Zähler werden außerdem der Prüfung auf Isolierfestigkeit unterworfen. Hierbei wird eine Wechselspannung (Frequenz 50 Hz[1]) von 2000 eff. V bei Wechselstrom-, Drehstrom- und Elektrolytzählern, von 1000 eff. V bei Gleichstrommotorzählern 1 Min. lang zwischen die stromführenden Teile und das Gehäuse gelegt.

Meßwandler, die zu den Zählern gehören, werden der in den Ziffern 26 und 27 angegebenen Prüfung auf Isolierfestigkeit unterworfen.

Bei rotierenden Zählern wird die Richtigkeit des auf dem Zifferblatt angegebenen Übersetzungsverhältnisses (d. h. die Richtigkeit der Übertragungen der Ankerumdrehungen auf das Zählwerk) nachgeprüft.

Tabelle der Belastungen.

α) Gleichstromzähler.

Zweileiter		Dreileiter		
$P=$	$J=$	$P=$	$J_1=$	$J_2=$
$\frac{1}{20}P_N$ *	$\frac{1}{20}J_N$ **	$\frac{1}{20}P_N$	$\frac{1}{20}J_N$	$\frac{1}{20}J_N$
$\frac{1}{10}P_N$	$\frac{1}{10}J_N$	$\frac{1}{10}P_N$	$\frac{1}{10}J_N$	$\frac{1}{10}J_N$
$\frac{1}{2}P_N$	$\frac{1}{2}J_N$	$\frac{1}{10}P_N$	$\frac{1}{5}J_N$	0
$\frac{1}{1}P_N$	$\frac{1}{1}J_N$	$\frac{1}{2}P_N$	$\frac{1}{2}J_N$	$\frac{1}{2}J_N$
		$\frac{1}{1}P_N$	$\frac{1}{1}J_N$	$\frac{1}{1}J_N$

Elektrolytzähler sind in Dauereinschaltung bei $^1/_1$ und $^1/_5$ der Nennstromstärke zu prüfen, wobei die Prüfung bei $^1/_1$ der Nennstromstärke über die ganze Skalenlänge

[1] 1 Hz (Hertz) gleich 1 Per/s (Periode in der Sekunde).

* P_N = Nennlast. ** J_N = Nennstrom.

und bei $^1/_5$ der Nennstromstärke über mindestens etwa $^1/_3$ der Skalenlänge zu erstrecken ist.

β) Einphasige Wechselstromzähler.

Zweileiter			Dreileiter			
$P =$	$J =$	$\cos\varphi =$	$P =$	$J_1 =$	$J_2 =$	$\cos\varphi =$
$\frac{1}{20} P_N$	$\frac{1}{20} J_N$	1	$\frac{1}{20} P_N$	$\frac{1}{20} J_N$	$\frac{1}{20} J_N$	1
$\frac{1}{4} P_N$	$\frac{1}{2} J_N$	0,5	$\frac{1}{10} P_N$	$\frac{1}{5} J_N$	0	1
$\frac{1}{1} P_N$	$\frac{1}{1} J_N$	1	$\frac{1}{4} P_N$	$\frac{1}{2} J_N$	$\frac{1}{2} J_N$	0,5
			$\frac{1}{1} P_N$	$\frac{1}{1} J_N$	$\frac{1}{1} J_N$	1

γ) Drehstromzähler ohne Nulleiter.

Wirkverbrauchszähler

$P =$	$J_1 =$	$J_2 =$	$J_3 =$	$\cos\varphi =$
$\frac{1}{20} P_N$ **	$\frac{1}{20} J_N$	$\frac{1}{20} J_N$	$\frac{1}{20} J_N$	1
$\frac{1}{20} P_N$ *	$\frac{1}{5} J_N$	$\frac{1}{5} J_N$	$\frac{1}{5} J_N$	0,25
$\frac{1}{8{,}66} P_N$	$\frac{1}{5} J_N$	$\frac{1}{5} J_N$	0	1
$\frac{1}{4} P_N$	$\frac{1}{2} J_N$	$\frac{1}{2} J_N$	$\frac{1}{2} J_N$	0,5
$\frac{1}{1} P_N$	$\frac{1}{1} J_N$	$\frac{1}{1} J_N$	$\frac{1}{1} J_N$	1

Blindverbrauchszähler

$B =$	$J_1 =$	$J_2 =$	$J_3 =$	$\sin\varphi =$	$\cos\varphi =$
$\frac{1}{20} B_N$ **	$\frac{1}{20} J_N$	$\frac{1}{20} J_N$	$\frac{1}{20} J_N$	1	0
$\frac{1}{20} B_N$ *	$\frac{1}{5} J_N$	$\frac{1}{5} J_N$	$\frac{1}{5} J_N$	0,25	0,97
$\frac{1}{4} B_N$	$\frac{1}{2} J_N$	$\frac{1}{2} J_N$	$\frac{1}{2} J_N$	0,5	0,87
$\frac{1}{1} B_N$	$\frac{1}{1} J_N$	$\frac{1}{1} J_N$	$\frac{1}{1} J_N$	1	0

* Nur bei Zählern, die an Wandler angeschlossen werden.

** Bei Zählern, die an Wandler angeschlossen werden, tritt $3 \times \frac{1}{10} J_N$ an Stelle von $3 \times \frac{1}{20} J_N$. $\left(P = \frac{1}{10} P_N \text{ bzw. } B = \frac{1}{10} B_N\right)$.

δ) Drehstromzähler mit Nulleiter.
(Nur Wirkverbrauchszähler.)

$P =$	$J_1 =$	$J_2 =$	$J_3 =$	$J_0 =$	$\cos\varphi =$
$\frac{1}{20} P_N$	$\frac{1}{20} J_N$	$\frac{1}{20} J_N$	$\frac{1}{20} J_N$	0	1
$\frac{1}{15} P_N$	$\frac{1}{5} J_N$	0	0	$\frac{1}{5} J_N$	1
$\frac{1}{15} P_N$	0	$\frac{1}{5} J_N$	0	$\frac{1}{5} J_N$	1
$\frac{1}{15} P_N$	0	0	$\frac{1}{5} J_N$	$\frac{1}{5} J_N$	1
$\frac{1}{4} P_N$	$\frac{1}{2} J_N$	$\frac{1}{2} J_N$	$\frac{1}{2} J_N$	0	0,5
$\frac{1}{1} P_N$	$\frac{1}{1} J_N$	$\frac{1}{1} J_N$	$\frac{1}{1} J_N$	0	1

b) Prüfungen am Betriebsort. Bei Prüfungen am Betriebsort des Zählers oder bei Prüfungen, die mit Hilfe nicht ortsfester Prüfstationen an Ort und Stelle ausgeführt werden, tritt ein vereinfachtes Prüfverfahren in Kraft, falls die in den Tabellen unter Abschnitt a) festgelegten Belastungspunkte nicht eingestellt werden können. Für die Auswahl der Belastungen sind in diesem Falle die Betriebsverhältnisse maßgebend.

21. **Mitteilung des Ergebnisses.** Das Ergebnis der Prüfung wird mitgeteilt

a) in einem Beglaubigungsschein, wenn der Zähler zur Beglaubigung zugelassen ist und seine Angaben innerhalb der Beglaubigungsfehlergrenzen liegen;

b) in einem Prüfungsschein, wenn der Zähler zu keinem beglaubigungsfähigen System gehört, aber seine Angaben innerhalb der Beglaubigungsfehlergrenzen liegen, oder wenn der Zähler am Betriebsort nach einem vereinfachten Prüfverfahren (Ziffer 20 b) geprüft worden ist;

c) in dem Abfertigungsschreiben, wenn die Angaben des Zählers die Beglaubigungsfehlergrenzen nicht einhalten und eine Einstellung des Zählers gemäß Ziffer 22 nicht vorgenommen wird.

22. Einstellung von Zählern. Zähler, deren Angaben außerhalb der Beglaubigungsfehlergrenzen liegen, werden richtig eingestellt, wenn der Zustand des Zählers und die vorhandenen Regelvorrichtungen es erlauben. Ist die Einstellung nicht möglich oder darf aus besonderen Gründen kein Eingriff vorgenommen werden, so wird der Zähler durch die Aufschrift „Außerhalb der Beglaubigungsfehlergrenzen" gekennzeichnet.

Liegen die Fehler des Zählers ganz oder teilweise außerhalb der Verkehrsfehlergrenzen, so wird er mit der Aufschrift „Für den Verkehr unzulässig" versehen, falls eine Einstellung nicht möglich oder statthaft ist.

23. Kennzeichnung der Zähler.

Amtlich geprüfte Elektrizitätszähler werden, wenn ihre Angaben innerhalb der Beglaubigungsfehlergrenzen liegen, mit einem amtlichen Stempelzeichen gekennzeichnet, und zwar nach Wahl entweder mit Hilfe von Bleiplomben, die an den Verschlußschrauben der Zählerkappe befestigt werden, oder mit Hilfe von Stempelmarken, die auf den Zählerkappen angebracht werden.

Zähler, die in Verbindung mit Meßwandlern verwendet werden (Ziffern 30—33, 42, 42A, 44 und 44A), sind stets durch Marken zu kennzeichnen. Im übrigen gelten die folgenden Vorschriften.

a) Kennzeichnung durch Bleiplomben.

Gehört der Zähler einem beglaubigungsfähigen System an, so werden Bleiplomben von 12 mm Durchmesser nach nebenstehendem Muster verwendet, deren eine Seite den Reichsadler mit der Umschrift Physikalisch-Technische Reichsanstalt bzw. Elektrisches Prüfamt ..., deren andere Seite das amtliche Zeichen der Prüfstelle, bestehend aus den Buchstaben PTR bzw. EP und der Nummer des Prüfamts und die 2 letzten Ziffern der Jahreszahl trägt (Beglaubigungsplomben).

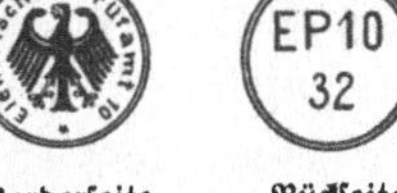

Vorderseite Rückseite der Beglaubigungsplombe.

Gehört der Zähler keinem beglaubigungsfähigen System an oder ist er am Betriebsort nach einem vereinfachten Prüfverfahren (Ziffer 20b) geprüft worden, so werden Bleiplomben gleicher Größe und Prägung, jedoch ohne den Reichsadler, verwendet (Prüfplomben).

b) Kennzeichnung durch Stempelmarken.

Die Stempelmarken tragen nach nebenstehendem Muster den Reichsadler, das amtliche Zeichen der Prüfstelle (wie unter a), die 2 letzten Ziffern der Jahreszahl und eine laufende Nummer; die letztere kann auch fortfallen.

PTR
32
00352

Beglaubigungsmarke: gelb bzw. grün.
Prüfmarke: rot.

Es werden verwendet:

Marken mit gelbem Untergrund und schwarzem Aufdruck bei Zählern, die einem beglaubigungsfähigen System angehören (gelbe Beglaubigungsmarken)[1].

Marken mit rotem Untergrund und schwarzem Aufdruck bei Zählern, die einem nicht beglaubigungsfähigen System angehören oder die am Betriebsort nach einem vereinfachten Prüfverfahren (Ziffer 20b) geprüft worden sind (rote Prüfmarken)[1].

Marken mit grünem Untergrund und schwarzem Aufdruck bei Meßwandlerzählern, d. h. Zählern, die gemäß Ziffer 42 (bzw. 42A, 44 oder 44A) auf die Innehaltung der (engeren) Beglaubigungsfehlergrenzen für Meßwandlerzähler hin geprüft worden sind (grüne Beglaubigungsmarken)[1].

c) In allen Fällen, in denen zur Kennzeichnung der Zähler Marken verwendet werden, werden die Verschlüsse der Zählerkappen durch eine oder mehrere Plomben von 8—9 mm Durchmesser gesichert. Die Plomben tragen auf der einen Seite den Reichsadler, auf der anderen

---

[1] Die Farben von Untergrund und Aufdruck können vertauscht werden, wenn die Marken durch ein Spritzverfahren auf dem Zähler angebracht werden.

das amtliche Zeichen der Prüfstelle und die 2 letzten Ziffern der Jahreszahl (Verschlußplomben).

d) Zähler für Meßwandler, die ohne die zugehörigen Wandler zur Prüfung eingereicht werden, erhalten, sofern sie nicht nach Ziffer 42 (bzw. 42A, 44 oder 44A) geprüft sind, keine Prüf- bzw. Beglaubigungsplomben oder Prüf- bzw. Beglaubigungsmarken, sondern nur Verschlußplomben.

Das gleiche gilt für Zähler, die nach einem vereinfachten Prüfverfahren (Ziffer 20b) nur bei so wenig Belastungen geprüft worden sind, daß die Innehaltung der Beglaubigungsfehlergrenzen bei anderen Belastungen nicht hinreichend gewährleistet ist.

II. Strom- und Spannungswandler.

24. Grundprüfung der Stromwandler. Die Grundprüfung erstreckt sich auf die Prüfung der Isolierfestigkeit (s. Ziffer 26) und nach Vornahme der Entmagnetisierung[1] auf die Messung des Stromfehlers und des Fehlwinkels bei $^1/_{10}$, $^1/_5$, $^1/_2$ und $^1/_1$ der Nennstromstärke und bei der vom Antragsteller vorgeschriebenen sekundären Bürde.

Ist keine sekundäre Bürde vorgeschrieben, so tritt an deren Stelle die Nennbürde mit dem Leistungsfaktor $\cos\beta = 0{,}8$.

Für die Beglaubigung und für die Feststellung, ob ein Wandler die Fehlergrenzen der vom Verband Deutscher Elektrotechniker herausgegebenen Regeln für Wandler einhält, erstreckt sich die Grundprüfung außerdem auf die Messung bei $^1/_5$ der Nennstromstärke und bei Nennbürde mit dem Leistungsfaktor $\cos\beta = 0{,}8$, ferner bei Nennstromstärke und bei $^1/_4$ der Nennbürde mit dem Leistungsfaktor $\cos\beta = 0{,}8$.

---

[1] Die Wandler werden entmagnetisiert, indem die Primär- oder die Sekundärwicklung mindestens mit 5% des Primär- bzw. Sekundärnennstromes beschickt wird, wobei jeweils die eine Wicklung offen bleibt. Darauf wird der Strom allmählich durch Herabsetzung der Spannung oder durch Vorschalten von Widerständen bis auf 0 geschwächt.

Wandler, deren Fehlerkurve die Einhaltung der Fehlergrenzen beim 1,2fachen Nennstrom nicht mit Sicherheit erwarten läßt, müssen auch bei dieser Stromstärke und bei Nennbürde bzw. $^1/_4$ der Nennbürde mit dem Leistungsfaktor $\cos\beta = 0{,}8$ gemessen werden.

25. **Grundprüfung der Spannungswandler.** Die Grundprüfung erstreckt sich auf die Prüfung der Isolierfestigkeit (s. Ziffer 27) und auf die Messung des Spannungsfehlers und des Fehlwinkels bei dem 0,8-, 1,0- und 1,2fachen der Nennspannung und bei der vom Antragsteller vorgeschriebenen sekundären Leistung, bezogen auf die Nennspannung, ferner bei der Nennspannung und bei $^1/_4$ der Nennleistung mit dem Leistungsfaktor $\cos\beta = 0{,}8$*.

Ist eine bestimmte Leistung nicht vorgeschrieben, so tritt an deren Stelle die Nennleistung mit dem Leistungsfaktor $\cos\beta = 0{,}8$.

Bei Dreiphasen-Spannungswandlern erstreckt sich die Grundprüfung auf die Vornahme der Messungen in zwei vorzuschreibenden Phasen.

Für die Beglaubigung und für die Feststellung, ob ein Wandler die Fehlergrenzen der vom Verband Deutscher Elektrotechniker herausgegebenen Regeln für Wandler einhält, erstreckt sich die Grundprüfung außerdem auf die Messung bei 1,2facher Nennspannung und bei der Nennleistung mit dem Leistungsfaktor $\cos\beta = 0{,}8$; bei Dreiphasen-Spannungswandlern müssen sämtliche Messungen in allen drei Phasen vorgenommen werden.

26. **Ausführung der Prüfung auf Isolierfestigkeit bei Stromwandlern.** Die Prüfung auf Isolierfestigkeit wird vor der Entmagnetisierung vorgenommen.

a) Fabrikneue Stromwandler.

1. Wicklungsprobe.

Die Wicklungsprobe dient zur Feststellung der ausreichenden Isolierung von Wicklungen gegeneinander

* Die Messung bei ¼ der Nennleistung kann in der Regel durch die Messung bei Leerlauf ersetzt werden.

und gegen den Körper. Ein Pol der Stromquelle wird an die zu prüfende Wicklung, der andere an die Gesamtheit der untereinander und mit dem Körper verbundenen anderen Wicklungen gelegt. Die Prüfspannung soll praktisch sinusförmig, ihre Frequenz gleich der Nennfrequenz oder 50 Hz sein. Ihr Anfangswert darf nicht mehr als die Hälfte ihres Endwertes betragen. Die Steigerung der Spannung muß stetig oder in einzelnen Stufen von höchstens je 5 % der Endspannung erfolgen. Die Zeit der Spannungssteigerung vom halben bis zum Endwert soll nicht kleiner als 10 s sein. Der Endwert der Prüfspannung ist während einer Minute einzuhalten.

Die Prüfspannung zwischen Primärwicklung und Sekundärwicklung mit Gehäuse bzw. Eisen entspricht der auf dem Leistungsschild der Wandler anzugebenden Prüfspannung. Ist dort keine Prüfspannung vermerkt, so muß sie vom Antragsteller vorgeschrieben werden.

Die Prüfspannung für die Wicklungsprobe zwischen Sekundärwicklung und Gehäuse bzw. Eisen beträgt einheitlich 2000 V.

Zur Prüfung der Isolation von einzelnen Teilen der Primär- oder Sekundärwicklung gegeneinander, die betriebsmäßig zum Zwecke der Änderung des Übersetzungsverhältnisses umschaltbar sind, ist jeder dieser Wicklungsteile gegen die mit dem Körper verbundenen übrigen Teile mit 2000 V während 1 Minute zu prüfen.

2. Windungsprobe.

Zur Prüfung der Isolation der Windungen der Sekundärwicklungen gegeneinander werden Stromwandler, die betriebsmäßig gegen Öffnen des Sekundärkreises nicht durch eine selbsttätige Kurzschlußvorrichtung geschützt sind, bei offener Sekundärwicklung 1 Minute lang mit primärem Nennstrom gespeist. Ist die Probe nicht möglich, so ist die Windungsschlußprüfung von der Sekundärseite aus mit Nennstrom auszuführen. Wird eine Spannung von 1000 V schon bei geringerer Stromstärke erreicht, so ist die Prüfung bei dieser Stromstärke auszuführen.

b) Gebrauchte Stromwandler.

1. Wicklungsprobe.

Die Prüfspannung für die Wicklungsprobe zwischen Primärwicklung und Sekundärwicklung mit Gehäuse bzw. Eisen ist gleich der Reihenspannung bzw. Betriebsspannung, wenn nicht eine höhere Prüfspannung vom Antragsteller vorgeschrieben ist.

Die Prüfspannung für die Wicklungsprobe der Sekundärwicklungen bzw. umschaltbarer Wicklungsteile gegeneinander beträgt 1200 V.

2. Windungsprobe.

Die Windungsprobe fällt fort.

27. Ausführung der Prüfung auf Isolierfestigkeit bei Spannungswandlern.

a) Fabrikneue Spannungswandler.

1. Wicklungsprobe.

Für die Ausführung der Wicklungsprobe gelten die unter Ziffer 26 a 1 für Stromwandler gemachten Angaben sinngemäß.

Die Prüfspannung zwischen Primärwicklung und Sekundärwicklung mit Gehäuse bzw. Eisen entspricht der auf dem Leistungsschild der Wandler anzugebenden Prüfspannung. Ist dort keine Prüfspannung vermerkt, so muß sie vom Antragsteller vorgeschrieben werden.

Die Prüfspannung für die Wicklungsprobe zwischen Sekundärwicklung und Gehäuse bzw. Eisen beträgt einheitlich 2000 V.

Zur Prüfung der Isolation von einzelnen Teilen der Sekundärwicklung gegeneinander, die betriebsmäßig zum Zwecke der Änderung des Übersetzungsverhältnisses umschaltbar sind, ist jeder dieser Wicklungsteile gegen die mit dem Körper verbundenen übrigen Teile während 1 Minute mit 2000 V zu prüfen.

2. Windungsprobe.

Zur Prüfung der Isolation der Windungen gegeneinander werden Spannungswandler bei offener Sekundärwicklung einer Windungsprobe von 5 Minuten Dauer unterworfen. Wandler mit Reihenbezeichnungen nach den Vorschriften des Verbandes Deutscher Elektrotechniker werden bis Reihe 30 an die 2,5fache, darüber an die 2fache Nennspannung gelegt. Bei Wandlern ohne Reihenbezeichnung muß die Spannung für die Windungsprobe vom Antragsteller vorgeschrieben werden, aber mindestens die 2fache Nennspannung betragen.

Bei der Windungsprobe darf die Frequenz gesteigert werden, wenn die Stromaufnahme bei der Nennfrequenz unzulässig hoch ist.

Ist die Windungsprobe auf der Primärseite nicht möglich, so kann sie durch entsprechende Erregung von der Sekundärseite bei offener Primärwicklung ausgeführt werden.

Dauernd mit einem Punkt der Wicklung kurzgeerdete Spannungswandler werden nur der Windungsprobe unterworfen.

Bei Spannungswandlern, die zwischen Leitung und Erde geschaltet werden, ist für die Bestimmung der Prüfspannung die verkettete Spannung maßgebend.

Bei Fünfschenkelwandlern ist für jeden Schenkel getrennt die Windungsprobe auszuführen. Die Wicklungen der beiden anderen Schenkel sind hierbei kurzzuschließen.

b) Gebrauchte Spannungswandler.

1. Wicklungsprobe.

Es wird lediglich die Wicklungsprobe der Sekundärwicklung gegen Eisen bzw. Gehäuse und gegebenenfalls umschaltbarer Wicklungsteile gegeneinander mit 1200 V ausgeführt.

2. Windungsprobe.

Die Windungsprobe fällt fort.

28. **Mitteilung des Ergebnisses.** Das Ergebnis der Prüfung von Strom- und Spannungswandlern wird mitgeteilt
   a) in einem Beglaubigungsschein, wenn der Wandler zur Beglaubigung zugelassen ist und seine Angaben innerhalb der Beglaubigungsfehlergrenzen liegen,
   b) in einem Prüfungsschein, wenn der Wandler zur Beglaubigung nicht zugelassen ist, eine Beglaubigung nicht beantragt war oder die Fehler eines beglaubigungsfähigen Wandlers außerhalb der Beglaubigungsfehlergrenzen liegen,
   c) in dem Abfertigungsschreiben, wenn die Wandlerfehler das Dreifache der Beglaubigungsfehlergrenzen überschreiten.

29. **Kennzeichnung der Meßwandler.** Zum Zeichen der Beglaubigung wird der Meßwandler mit einem amtlichen Stempelzeichen gekennzeichnet. Dieses besteht nach Wahl entweder aus einem Metallschild, auf dem das Zeichen PTR bzw. das Zeichen des Prüfamtes, der Reichsadler sowie eine laufende Nummer und die zwei letzten Ziffern der Jahreszahl angebracht sind, oder aus einer gelben Beglaubigungsmarke nach Art der gemäß Ziffer 23 für Zähler geltenden. In allen Fällen werden die Verschlüsse des Wandlergehäuses durch eine oder mehrere Plomben von 8—9 mm Durchmesser gesichert. Diese Verschlußplomben tragen auf der einen Seite den Reichsadler, auf der anderen das amtliche Zeichen der Prüfstelle und die zwei letzten Ziffern der Jahreszahl.

III. Zähler in Verbindung mit Meßwandlern.

30. **Allgemeine Prüfvorschriften.** Bei der Prüfung eines Zähleraggregates, bestehend aus Meßwandlern und einem oder mehreren Zählern, werden alle Nebenapparate (Leistungs-, Strom- und Spannungszeiger, Relais usw.), die im Betriebe noch neben den Zählern von den Meßwandlern betätigt werden, angeschlossen. Statt der Nebenapparate selbst können Ersatzwiderstände und Spulen von

entsprechendem Leistungsverbrauch und Leistungsfaktor eingeschaltet werden. Übersteigt der Widerstand der im Betrieb verwendeten sekundären Zuleitungen eines Stromwandlers 0,15 Ω, so wird bei der Prüfung der entsprechende Widerstand eingeschaltet.

31. **Prüfverfahren.** Für das Verfahren bei der Prüfung gelten sinngemäß die Vorschriften für die Prüfung von Elektrizitätszählern in Ziffer 20. Hierbei findet nach Wahl der Prüfstelle entweder eine gemeinsame Prüfung von Zählern und Wandlern statt, oder es werden die Fehler der Zähler und Wandler einzeln festgestellt und die Gesamtfehler rechnerisch ermittelt.

32. **Mitteilung des Ergebnisses.** Für die Mitteilung des Ergebnisses gelten sinngemäß die Vorschriften in Ziffer 21 bzw. 22.

In dem Prüfungs- oder Beglaubigungsschein wird jeder angeschlossene Nebenapparat angeführt und bei Mehrphasenzählern die Zugehörigkeit der Apparate sowie der Meßwandler zu den einzelnen messenden Systemen in den Zählern unter Angabe der Klemmen- oder Phasenbezeichnungen festgelegt. Die Prüfung bzw. Beglaubigung wird hinfällig, wenn im Betrieb von der angegebenen Schaltung abgewichen oder die sekundäre Belastung der Meßwandler geändert wird.

33. **Kennzeichnung der Meßaggregate.** Amtlich geprüfte Meßaggregate werden, wenn ihre Angaben innerhalb der Beglaubigungsfehlergrenzen für Zähler liegen, mit amtlichen Stempelmarken nach nebenstehendem Muster gekennzeichnet. Die Hauptmarken werden auf den zum Aggregat gehörigen Zählern angebracht. Auf der ersten bleibt der Buchstabe a, auf der zweiten b, auf der dritten c

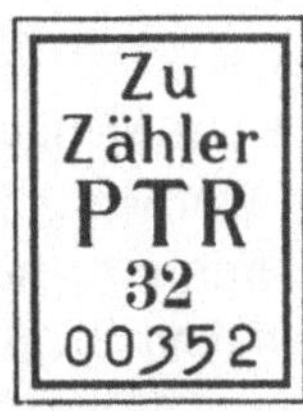

Beglaubigungsmarken: gelb. Prüfmarken: rot.

und auf der vierten d stehen. Jeder Meßwandler erhält eine Nebenmarke mit der Nummer der Hauptmarke. Im übrigen gelten für die Verwendung der Prüf- bzw. Beglaubigungsmarken die Bestimmungen für die Kennzeichnung von Elektrizitätszählern in Ziffer 23.

IV. Strom-, Spannungs- und Leistungsmesser.

34. **Grundprüfung der Apparate.** Die Grundprüfung erstreckt sich auf die Messung an drei Punkten der Skala bei steigender Last, auf eine einstündige Dauereinschaltung bei dem höchsten Skalenteil und auf eine Wiederholung der Messung bei fallender Last.

Die Prüfung auf Isolierfestigkeit gemäß Ziffer 35 wird bei fabrikneuen Apparaten vorgenommen, und zwar

a) bei Apparaten, die zur Beglaubigung zugelassen sind,
b) bei Apparaten, bei denen durch Aufschrift oder Zeichen zum Ausdruck gebracht ist, daß sie den Regeln des Verbandes Deutscher Elektrotechniker entsprechen.

Bei anderen Apparaten wird die Prüfung auf Isolierfestigkeit nur auf besonderen Antrag ausgeführt. Meßwandler, die zu den Apparaten gehören, werden stets einer Prüfung auf Isolierfestigkeit gemäß Ziffer 26 u. 27 unterworfen.

35. **Ausführung der Prüfung auf Isolierfestigkeit.** Die Frequenz der Prüfspannung ist in der Regel 50 Hz; die Spannung wird allmählich auf die Werte der folgenden Tabelle gesteigert und 1 Minute lang gehalten. Ein Pol der Spannungsquelle wird an die untereinander leitend verbundenen betriebsmäßig unter Spannung stehenden Teile, der andere an die metallische Grundplatte gelegt, mit der alle sonstigen, außen am Gehäuse vorhandenen Metallteile verbunden werden. Sind Grundplatte oder Gehäuse nicht leitend, so ist der eine Pol an eine Metallplatte anzuschließen, auf die das Instrument mit Zubehör gelegt wird; mit der Metallplatte sind alle sonstigen, außen am Gehäuse vorhandenen Metallteile leitend zu verbinden.

Prüfspannungen für fabrikneue Apparate.

Höchstspannung gegen Gehäuse	Prüfspannung
nicht über 40 V	500 V
41 bis 100 „	1000 „
101 „ 650 „	2000 „
651 „ 900 „	3000 „
901 „ 1500 „	5000 „

Diese Prüfspannungen gelten sowohl für das Meßgerät als auch für das Zubehör.

Bei Instrumenten zum Anschluß an Meßwandler, deren Sekundärwicklung von der Primärwicklung isoliert ist, beträgt die Prüfspannung 2000 V. Tragbare Meßgeräte mit Metallgehäuse sind mit der der Höchstspannung entsprechenden Prüfspannung zu prüfen, maximal mit 2000 V.

36. **Mitteilung des Ergebnisses.** Das Ergebnis der Prüfung von Strom-, Spannungs- oder Leistungsmessern wird mitgeteilt

a) in einem Beglaubigungsschein, wenn der Apparat zur Beglaubigung zugelassen ist und seine Angaben innerhalb der Beglaubigungsfehlergrenzen liegen,

b) in einem Prüfungsschein, wenn der Apparat zur Beglaubigung nicht zugelassen ist, eine Beglaubigung nicht beantragt war oder die Fehler eines beglaubigungsfähigen Apparates außerhalb der Beglaubigungsfehlergrenzen liegen,

c) in dem Abfertigungsschreiben, wenn die Fehler des Apparates das Dreifache der Beglaubigungsfehlergrenzen überschreiten.

37. **Kennzeichnung der Apparate.** Zum Zeichen der Prüfung wird der Apparat mit amtlichen Stempelzeichen versehen, und zwar mit Siegeln oder Plomben, von denen eine das Zeichen PTR bzw. das Zeichen des Prüfamts und eine zweite den Reichsadler trägt.

F. Bestimmungen über die Beglaubigung von Meßgeräten.

38. **Allgemeine Bestimmung.** Mit der amtlichen Prüfung von Meßgeräten kann eine Beglaubigung verbunden werden, wenn das Meßgerät auf Grund einer Systemprüfung durch die PTR zur Beglaubigung zugelassen worden ist.

I. Die Beglaubigung von Elektrizitätszählern.

39. **Aufschriften.** Auf einem von außen nicht abnehmbaren Schilde des Zählergehäuses müssen folgende Angaben enthalten sein:

a) Die Ableseeinheit (Kilowattstunden, Blindkilowattstunden[1].

b) Die Art und Formbezeichnung (z. B. Wechselstromzähler Form W, Drehstromzähler Form D).

c) Die Nennspannung, die Nennstromstärke und die Nennfrequenz.

d) Die Fabrikationsnummer sowie das Systemzeichen 5 und die Systemnummer.

e) Die Zahl der Ankerumdrehungen für eine Kilowattstunde bzw. Blindkilowattstunde.

f) Der Name und Wohnort des Herstellers oder ein Ursprungszeichen.

g) Gegebenenfalls das Übersetzungsverhältnis der zugehörigen Meßwandler.

h) Bei Blindverbrauchszählern, die mit einer Rücklaufhemmung versehen sind, die Aufschrift „für Voreilung" oder „für Nacheilung", je nach der Phasenverschiebung, für die der Zähler bestimmt ist.

i) Bei Doppeltarifzählern mit angebauter Umschaltuhr die Aufschrift: Uhren zur Tarifumschaltung sind bestimmungsgemäß von der Beglaubigung ausgeschlossen.

---

[1] Die Aufschrift „Blind-kVA" statt Blind-Kilowattstunden ist nicht zulässig.

40. Beglaubigungsfehlergrenzen für Gleichstromzähler.

a) Die Abweichung der Verbrauchsanzeige von dem wirklichen Verbrauche darf bei Belastungen zwischen der Nennlast und ihrem 20. Teil nirgends mehr betragen als

$$\pm F = 3 + 0{,}3 \frac{P_N}{P} \text{ Prozente}$$

des jeweiligen Verbrauches. (Vgl. Tafel I.)

Hierin ist

P_N die Nennlast des Zählers,

P die jeweilige Last.

Diese Bestimmungen werden nur soweit angewendet, als die anzuzeigende Leistung nicht unter 10 Watt sinkt.

b) Wird die Nennstromstärke um x Prozent überschritten, so darf der zulässige Fehler $\frac{x}{10}$ Prozent mehr betragen, als sich für die Nennstromstärke nach der unter a) angeführten Formel ergibt. Diese Bestimmung gilt nur für Stromstärken bis zum 1,25fachen Betrage der Nennstromstärke.

c) Die kleinste Belastung, bei welcher der Zähler noch anlaufen muß, darf bei einem Amperestundenzähler 1%, bei einem Gleichstromwattstundenzähler 2% seiner Nennlast nicht überschreiten.

d) Bei einem unbelasteten Zähler darf der Vorlauf oder Rücklauf nicht mehr betragen, als $^1/_{500}$ seiner Nennlast entspricht. Diese Bestimmung ist gültig bis zu Spannungen, welche die Nennspannung um $^1/_{10}$ ihres Wertes übersteigen.

e) Die Festsetzungen nach a) bis d) gelten für eine Raumtemperatur von 15—20° C.

41. Beglaubigungsfehlergrenzen für Wechselstromzähler.

a) Die Abweichung der Verbrauchsanzeige von dem wahren Verbrauch darf bei Belastungen zwischen der Nennlast und ihrem 20. Teil nirgends mehr betragen als

$$\pm F = 3 + 0{,}2 \frac{P_N}{P} + \left(1 + 0{,}2 \frac{J_N}{J}\right) \cdot \operatorname{tg} \varphi$$

Prozente des jeweiligen wahren Verbrauches. (Vgl. Tafel IIa.)

Hierin ist

P_N die Nennlast des Zählers,

P die jeweilige Last,

J_N die Nennstromstärke des Zählers,

J die jeweilige Stromstärke,

tg φ die trigonometrische Tangente desjenigen Winkels, dessen Kosinus gleich dem Leistungsfaktor ist;

tg φ ist unabhängig vom Sinne der Phasenverschiebung stets positiv einzusetzen.

Bei Mehrphasen- und Mehrleiterzählern ist als jeweilige Stromstärke der arithmetische Mittelwert der in den einzelnen Leitern mit Ausnahme des Nulleiters fließenden Ströme einzusetzen.

Bei einphasigem Wechselstrom ist der Leistungsfaktor das Verhältnis der Wirkleistung zur Scheinleistung; bei Mehrphasen- und Mehrleitersystemen wird an Stelle des Leistungsfaktors das Verhältnis der gesamten Wirkleistung zu der arithmetischen Summe der Scheinleistungen in den einzelnen Phasen oder Leitern der Berechnung von tg φ zugrunde gelegt.

Für Belastungen mit einem Leistungsfaktor kleiner als 0,5 bei Einphasenzählern und kleiner als 0,2 bei Mehrphasenzählern, sowie für Belastungen kleiner als 10 Watt gelten diese Bestimmungen nicht.

b) Für Stromstärken oberhalb der Nennstromstärke gelten die Festsetzungen unter Ziffer 40b.

c) Die kleinste Belastung, bei welcher der Zähler noch anlaufen muß, darf 1% der Nennlast bei induktionsfreier Belastung nicht überschreiten.

d) Bei einem unbelasteten Zähler darf der Vor- oder Rücklauf nicht mehr betragen, als $^1/_{500}$ seiner Nennlast entspricht. Diese Bestimmung ist gültig für Spannungen, welche die Nennspannung um $^1/_{10}$ ihres Wertes nicht übersteigen oder unterschreiten.

e) Die Festsetzungen nach a) bis d) gelten für Nennfrequenz, Nennspannung und für eine Raumtemperatur von 15—20° C und bei Mehrphasenzählern nur für die im Schaltbild vorgesehene Phasenfolge.

41 A. **Neue Beglaubigungsfehlergrenzen für Wechselstromzähler**[1]. Die Abweichung der Verbrauchsanzeige von dem wahren Verbrauche darf bei Belastungen zwischen dem 1,25fachen der Nennlast und ihrem 20. Teil nirgends mehr betragen als

$$\pm F = 3 + 0{,}05 \frac{P_N}{P} + 0{,}5\left(1 + 0{,}1 \frac{P_N}{P}\right) \operatorname{tg} \varphi$$

Prozente des jeweiligen wahren Verbrauches. (Vgl. Tafel IIb.)

Für Stromstärken oberhalb der Nennstromstärke gilt diese Bestimmung nur bei $\cos \varphi = 1$, für Mehrphasen- und Mehrleiterzähler außerdem nur dann, wenn sie symmetrisch belastet sind.

Für Belastungen mit einem Leistungsfaktor kleiner als 0,5 bei Einphasenzählern und kleiner als 0,2 bei Mehrphasenzählern, sowie für Belastungen kleiner als 10 Watt gilt diese Bestimmung nicht.

Die Bestimmungen über den tg φ gemäß Ziffer 41a sowie die Bestimmungen gemäß Ziffer 41c, d und e gelten auch hier.

42. **Beglaubigungsfehlergrenzen für Meßwandlerzähler.**

Diese Fehlergrenzen gelten nur für solche Meßwandlerzähler, die für sich allein beglaubigt in Verbindung mit beglaubigten Meßwandlern ein beglaubigtes Meßaggregat darstellen.

Die Abweichung der Verbrauchsanzeige von dem wahren Verbrauch darf bei Belastungen zwischen der Nennlast und ihrem 20. Teil nirgends mehr betragen als

$$\pm F = 2 + 0{,}2 \frac{P_N}{P} + 0{,}5\left(1 + 0{,}2 \frac{J_N}{J}\right) \cdot \operatorname{tg} \varphi$$

Prozente des jeweiligen Verbrauches. (Vgl. Tafel IIIa.)

---

[1] Diese Beglaubigungsfehlergrenzen treten erst zu einem späteren, noch festzusetzenden Zeitpunkt in Kraft. Ebenso bleibt die Bestimmung darüber vorbehalten, auf welche Zählersysteme sie Anwendung finden sollen.

Im übrigen gelten dieselben Bestimmungen wie unter Ziffer 41a bis e.

42 A. Neue Beglaubigungsfehlergrenzen für Meßwandlerzähler[1]. Die Abweichung der Verbrauchsanzeige von dem wahren Verbrauche darf bei Belastungen zwischen dem 1,25fachen der Nennlast und ihrem 20. Teil nirgends mehr betragen als

$$\pm F = 2 + 0{,}03 \frac{P_N}{P} + 0{,}3 \left(1 + 0{,}05 \frac{P_N}{P}\right) \operatorname{tg} \varphi$$

Prozente des jeweiligen wahren Verbrauches. (Vgl. Tafel IIIb.)

Für Stromstärken oberhalb der Nennstromstärke gilt diese Bestimmung nur bei $\cos \varphi = 1$, für Mehrphasen- und Mehrleiterzähler außerdem nur dann, wenn sie symmetrisch belastet sind.

Für Belastungen mit einem Leistungsfaktor kleiner als 0,5 bei Einphasenzählern und kleiner als 0,2 bei Mehrphasenzählern, sowie für Belastungen kleiner als 10 Watt gilt diese Bestimmung nicht.

Die Bestimmungen über den $\operatorname{tg} \varphi$ gemäß Ziffer 41a sowie die Bestimmungen gemäß Ziffer 41c, d und e gelten auch hier.

43. Beglaubigungsfehlergrenzen für Blindverbrauchszähler.

a) Die Abweichung der Blindverbrauchsanzeige von dem wahren Blindverbrauch darf bei Belastungen zwischen der Nennblindlast und ihrem 20. Teil nirgends mehr betragen als

$$\pm F = 3 + 0{,}2 \frac{B_N}{B} + \left(1 + 0{,}2 \frac{J_N}{J}\right) \cdot \operatorname{cotg} \varphi$$

Prozente des jeweiligen wahren Blindverbrauches. (Vgl. Tafel IVa.)

---

[1] Diese Beglaubigungsfehlergrenzen treten erst zu einem späteren, noch festzusetzenden Zeitpunkt in Kraft. Ebenso bleibt die Bestimmung darüber vorbehalten, auf welche Zählersysteme sie Anwendung finden sollen.

Hierin ist

B_N die Nennblindlast des Zählers,
B die jeweilige Blindlast,
J_N die Nennstromstärke des Zählers,
J die jeweilige Stromstärke,

$\cotg \varphi$ die trigonometrische Kotangente desjenigen Winkels, dessen Sinus gleich dem Verhältnis der Blindleistung zur Scheinleistung ist; $\cotg \varphi$ ist unabhängig vom Sinne der Phasenverschiebung stets positiv einzusetzen.

Bei Mehrphasen- und Mehrleiterzählern ist als jeweilige Stromstärke der arithmetische Mittelwert der in den einzelnen Leitern mit Ausnahme des Nulleiters fließenden Ströme einzusetzen.

Bei Mehrphasen- und Mehrleitersystemen wird das Verhältnis der gesamten Blindleistung zu der arithmetischen Summe der Scheinleistungen in den einzelnen Phasen oder Leitern der Berechnung von $\cotg \varphi$ zugrunde gelegt.

Für den Fall, daß $\cos \varphi$ größer als 0,98, d. h. $\sin \varphi$ kleiner als 0,2 ist, und für Blindleistungen kleiner als 10 Blindwatt werden keine Fehlergrenzen festgesetzt.

b) Wird die Nennstromstärke um x Prozent überschritten, so darf der zulässige Fehler $\frac{x}{10}$ Prozent mehr betragen, als sich für die Nennstromstärke nach der unter a) angeführten Formel ergibt. Diese Bestimmung gilt nur für Stromstärken bis zum 1,25fachen Betrage der Nennstromstärke.

c) Die kleinste Blindlast, bei welcher der Zähler noch anlaufen muß, darf 1% seiner Nennblindlast nicht überschreiten. Diese Bedingung gilt für $\sin \varphi$ größer als 0,9.

d) Bei einem unbelasteten Zähler darf der Vorlauf oder Rücklauf nicht mehr betragen, als $^1/_{500}$ seiner Nennblindlast entspricht. Diese Bestimmung ist gültig für Spannungen, welche die Nennspannung um $^1/_{10}$ ihres Wertes nicht übersteigen oder unterschreiten.

e) Die Festsetzungen nach a) bis d) gelten nur für Nennfrequenz, Nennspannung und für eine Raumtemperatur von etwa 15—20° C, bei Mehrphasenzählern außerdem nur für die im Schaltbild vorgesehene Phasenfolge und nur für symmetrische Belastung.

43 A. Neue Beglaubigungsfehlergrenzen für Blindverbrauchszähler[1]**.** Die Abweichung der Blindverbrauchsanzeige von dem wahren Blindverbrauch darf bei Belastungen zwischen dem 1,25 fachen der Nennblindlast und ihrem 20. Teil nirgends mehr betragen als

$$\pm F = 3 + 0{,}05 \frac{B_N}{B} + 0{,}5\left(1 + 0{,}1 \frac{B_N}{B}\right) \operatorname{cotg} \varphi$$

Prozente des jeweiligen wahren Blindverbrauches (vgl. Tafel IV b).

Für Stromstärken oberhalb der Nennstromstärke gilt diese Bestimmung nur bei $\sin \varphi$ größer als 0,9.

Für den Fall, daß $\cos \varphi$ größer als 0,98, d. h. $\sin \varphi$ kleiner als 0,2 ist, und für Blindleistungen kleiner als 10 Blindwatt werden keine Fehlergrenzen festgesetzt.

Die Bestimmungen über den $\operatorname{cotg} \varphi$ gemäß Ziffer 43 a sowie die Bestimmungen gemäß Ziffer 43 c, d und e gelten auch hier.

44. Beglaubigungsfehlergrenzen für Blindverbrauchsmeßwandlerzähler.

Diese Fehlergrenzen gelten nur für solche Blindverbrauchsmeßwandlerzähler, die für sich allein beglaubigt in Verbindung mit beglaubigten Meßwandlern ein beglaubigtes Meßaggregat darstellen.

Die Abweichung der Blindverbrauchsanzeige von dem wahren Blindverbrauch darf bei Belastungen zwischen der Nennblindlast und dem 20. Teil derselben nirgends mehr

---

[1] Diese Beglaubigungsfehlergrenzen treten erst zu einem späteren, noch festzusetzenden Zeitpunkt in Kraft. Ebenso bleibt die Bestimmung darüber vorbehalten, auf welche Zählersysteme sie Anwendung finden sollen.

betragen als

$$\pm F = 2 + 0{,}2\frac{B_N}{B} + 0{,}5\left(1 + 0{,}2\frac{J_N}{J}\right)\operatorname{cotg}\varphi$$

Prozente des jeweiligen wahren Blindverbrauches. (Vgl. Tafel Va.)

Im übrigen gelten dieselben Bestimmungen wie unter Ziffer 43a bis e.

44 A. Neue Beglaubigungsfehlergrenzen für Blindverbrauchsmeßwandlerzähler[1]. Die Abweichung der Blindverbrauchsanzeige von dem wahren Blindverbrauche darf bei Belastungen zwischen dem 1,25fachen der Nennblindlast und ihrem 20. Teil nirgends mehr betragen als

$$\pm F = 2 + 0{,}03\frac{B_N}{B} + 0{,}3\left(1 + 0{,}05\frac{B_N}{B}\right)\operatorname{cotg}\varphi$$

Prozente des jeweiligen wahren Blindverbrauches. (Vgl. Tafel Vb.)

Für Stromstärken oberhalb der Nennstromstärke gilt diese Bestimmung nur bei $\sin\varphi$ größer als 0,9.

Für den Fall, daß $\cos\varphi$ größer als 0,98, d. h. $\sin\varphi$ kleiner als 0,2 ist, und für Blindleistungen kleiner als 10 Blindwatt werden keine Fehlergrenzen festgesetzt.

Die Bestimmungen über den $\operatorname{cotg}\varphi$ gemäß Ziffer 43a sowie die Bestimmungen gemäß Ziffer 43c, d und e gelten auch hier.

45. Beglaubigung von Elektrizitätszählern in Verbindung mit Meßwandlern.

a) Ein Aggregat aus Zählern und Meßwandlern als ganzes gilt für beglaubigt, wenn die Meßwandler für sich beglaubigt (s. Ziffern 46—49) und die Zähler als Meßwandlerzähler (s. Ziffern 42, 42A, 44, 44A) beglaubigt sind und bei dem Anschluß der Apparate folgende Bedingungen erfüllt werden:

---

[1] Diese Beglaubigungsfehlergrenzen treten erst zu einem späteren, noch festzusetzenden Zeitpunkt in Kraft. Ebenso bleibt die Bestimmung darüber vorbehalten, auf welche Zählersysteme sie Anwendung finden sollen.

Es dürfen keinerlei Apparate außer Zählern angeschlossen werden.

An einen Stromwandler für eine sekundäre Nennstromstärke von 5 A und für eine Nennbürde von mindestens 0,6 Ω (s. Ziffer 47a) dürfen für je 0,20 Ω gleich 5,0 VA Belastbarkeit ein Zähler sowie sekundäre Verbindungsleitungen vom Widerstand 0,08 Ω angeschlossen werden. Wird die hiernach zulässige Zahl von Zählern nicht in Anspruch genommen, so darf der Widerstand der sekundären Verbindungsleitungen für jeden ausfallenden Zähler um 0,06 Ω größer sein.

An jede Phase eines Spannungswandlers darf für je 10 VA Belastbarkeit ein Zähler angeschlossen werden; der Widerstand der Zuleitung von einer Klemme des Spannungswandlers bis zum Zähler darf nicht mehr als 0,3 Ω betragen.

b) Für Zähler, die mit den dazugehörigen Meßwandlern zusammen geprüft werden, gelten dieselben Bestimmungen wie unter den Ziffern 41, 41A, 43, 43A; die Beglaubigung hat wiederum zur Voraussetzung, daß das System der Meßwandler und der Zähler oder die Vereinigung beider von der Reichsanstalt zur Beglaubigung zugelassen ist.

II. Die Beglaubigung von Meßwandlern.

46. **Aufschriften.** Auf einem von außen nicht abnehmbaren Schilde des Meßwandlers müssen folgende Angaben enthalten sein:

a) Firma oder Ursprungszeichen, Fabrikationsnummer, Formbezeichnung und das Systemzeichen ⍋, in welches die Systemnummer eingeschrieben ist, unter der das Wandlersystem als beglaubigungsfähig erklärt ist.

b) Der primäre und sekundäre Nennwert der in dem Apparat umzuwandelnden Stromstärke oder Spannung.

c) Der Frequenzbereich, für den der Apparat als beglaubigungsfähig erklärt ist.

d) Die Betriebsspannung oder die Reihenspannung nach den Regeln des Verbandes Deutscher Elektrotechniker sowie die Prüfspannung.

e) Bei Stromwandlern die Nennbürde, bei Spannungswandlern die Nennleistung.

Die Nennbürde eines Stromwandlers ist der in Ohm anzugebende Scheinwiderstand, der an die Sekundärseite gemäß der Zulassung zur Beglaubigung angeschlossen werden darf.

Die Nennleistung eines Spannungswandlers ist die in VA anzugebende Scheinleistung, mit der der Wandler gemäß der Zulassung zur Beglaubigung belastet werden darf.

Die Klemmen der Primär- und der Sekundärwicklung müssen mit einander entsprechenden Bezeichnungen versehen sein.

Die Meßwandler müssen mit Einrichtungen zur Anbringung der amtlichen Verschlußplomben versehen sein, so daß ohne Zerstörung der Plombenverschlüsse Änderungen an den wesentlichen Teilen der Wandler nicht möglich sind.

47. Stromwandler.

Definitionen.

Der Stromfehler F eines Stromwandlers bei einer gegebenen primären Stromstärke J_p ist die prozentische Abweichung der sekundären Stromstärke J_s von ihrem Sollwert, der sich aus der primären Stromstärke J_p durch Division mit dem Nennwert des Übersetzungsverhältnisses K_n ergibt.

$$F = \frac{K_n \cdot J_s - J_p}{J_p} \cdot 100\,\% \,.$$

Der Fehler wird positiv gerechnet, wenn der tatsächliche Wert der sekundären Größe den Sollwert übersteigt.

Der Fehlwinkel bei einem Stromwandler ist die Phasenverschiebung des Sekundärstromes gegen den Primärstrom; er ist positiv bei Voreilung des Sekundärstromes.

Bestimmungen.

a) Die Nennbürde eines Stromwandlers muß mindestens 0,6 Ω bei der sekundären Nennstromstärke 5 A sein.

b) Die Fehler des Wandlers dürfen die in nachstehender Tabelle angegebenen Werte nicht überschreiten.

bei $1{,}2\,J_N$	bei $1{,}0\,J_N$	bei $0{,}5\,J_N$	bei $0{,}2\,J_N$	bei $0{,}1\,J_N$
Stromfehler				
± 0,5%	± 0,5%	± 0,66%	± 0,75%	± 1,0%
Fehlwinkel				
± 30′	± 30′	± 36′	± 40′	± 60′

Bei Zwischenwerten der Stromstärke dürfen die Fehler des Wandlers an keiner Stelle größer sein, als dem Linienzug entspricht, der bei graphischer Darstellung durch geradlinige Verbindung der Werte obiger Tabelle erhalten wird.

Die angegebenen Fehlergrenzen gelten für den durch Ziffer 46c festgelegten Frequenzbereich und für alle sekundären Bürden zwischen $^1/_4$ und $^1/_1$ der durch Ziffer 46e festgesetzten Nennbürde bei einem Leistungsfaktor $\cos\beta = 0{,}8$. Sie müssen bei einer Raumtemperatur von 15—20° C und unabhängig von der Lage der Anschlußleitungen und von der Einschaltdauer eingehalten werden. Das Eisen darf keinen nennenswerten remanenten Magnetismus besitzen.

c) Der Wandler muß die Prüfung auf Isolierfestigkeit gemäß Ziffer 26a bzw. 26b aushalten.

48. Einphasige Spannungswandler.

Definitionen.

Der Spannungsfehler F eines Spannungswandlers bei einer gegebenen primären Spannung U_p ist die prozentische Abweichung der sekundären Spannung U_s von ihrem Sollwert, der sich aus der primären Spannung durch Division mit dem Nennwert des Übersetzungsverhältnisses K_n ergibt.

$$F = \frac{K_n \cdot U_s - U_p}{U_p} \cdot 100\,\% .$$

Der Fehler wird positiv gerechnet, wenn der tatsächliche Wert der sekundären Größe den Sollwert übersteigt.

Der **Fehlwinkel** bei einem Spannungswandler ist die Phasenverschiebung der Sekundärspannung gegen die Primärspannung; er ist positiv bei Voreilung der Sekundärspannung.

Bestimmungen.

a) Die Nennleistung des Sekundärkreises eines Spannungswandlers darf nicht weniger als 30 VA betragen.

b) Für Spannungen von 0,8 bis 1,2 des Nennwertes darf der Spannungsfehler ± 0,5 %, der Fehlwinkel ± 20 Minuten nicht überschreiten.

Die angegebenen Fehlergrenzen gelten für den durch Ziffer 46c festgelegten Frequenzbereich und für alle sekundären Leistungen zwischen $^1/_4$ und $^1/_1$ der durch Ziffer 46e festgesetzten Nennleistung, bezogen auf die Nennspannung, bei einem Leistungsfaktor $\cos \beta = 0{,}8$. Sie müssen bei einer Raumtemperatur von 15—20° C unabhängig von der Einschaltdauer eingehalten werden.

c) Der Wandler muß die Prüfung auf Isolierfestigkeit gemäß Ziffer 27a bzw. 27b aushalten.

49. Mehrphasige Spannungswandler.

a) Die Nennleistung eines dreiphasigen Spannungswandlers darf nicht weniger als 30 VA für jede Phase betragen.

b) Bei gleichzeitiger Erregung aller Phasen auf der Primärseite müssen die unter Ziffer 48b aufgeführten Bedingungen für jede der drei verketteten Spannungen erfüllt sein. Bei dreiphasigen Wandlern mit herausgeführten Sternpunkten müssen die Bedingungen sowohl für die verketteten Spannungen wie für die Sternspannungen erfüllt sein.

c) Der Wandler muß die Prüfung auf Isolierfestigkeit gemäß Ziffer 27a bzw. 27b aushalten.

III. Die Beglaubigung von Strom-, Spannungs- und Leistungsmessern.

50. Aufschriften. Auf einem von außen nicht abnehmbaren Schilde oder auf der Skala des Meßgeräts müssen folgende Angaben enthalten sein:

a) Die Einheit der Meßgröße.

b) Die Stromart.

c) Die Nennfrequenz oder der Nennfrequenzbereich.

d) Die Höchstspannung oder die Prüfspannung.

e) Das Zeichen für die Art des Meßwerkes, die Fabrikationsnummer, das Systemzeichen ⩚ und die Systemnummer.

f) Name und Wohnort des Herstellers oder ein Ursprungszeichen.

g) Bei Wechselstrominstrumenten: der Wirkwiderstand und die Induktivität bei der Frequenz 50 Hz.

h) Bei Leistungsmessern: der Nennstrom und die Nennspannung.

i) Bei Meßgeräten für den Gebrauch in einer bestimmten Lage: ein Lagezeichen.

An Stelle der Aufschriften können gegebenenfalls die in den Regeln für Meßgeräte des Verbandes Deutscher Elektrotechniker festgesetzten Zeichen verwendet werden.

51. Beglaubigungsfehlergrenzen für Strom-, Spannungs- und Leistungsmesser.

a) Bei einer Raumtemperatur von 15—20° C und bei der Nennfrequenz dürfen die in der folgenden Tabelle (S. 38) angegebenen Anzeigefehler nicht überschritten werden.

b) Der zulässige Anzeigefehler vergrößert sich bei Meßgeräten für mehr als 250 V am Spannungspfad um 0,1 %, bei Meßgeräten mit austauschbaren Vorwiderständen um weitere 0,1 %, bei Meßgeräten mit austauschbaren Nebenwiderständen um 0,2 %.

Meßgeräte mit eingebautem Zubehör.

Art des Meßgerätes	Art der Meßwerke	Anzeigefehler in % des Endwertes des Meßbereiches
Strom- und Spannungsmesser	Drehspulinstrumente	± 0,2
Spannungs- und Leistungsmesser	Weicheisen-, elektrodynamische, Induktions-, Hitzdraht-, elektrostatische Instrumente	± 0,3
Strommesser	Weicheisen-, elektrodynamische, Induktions-, Hitzdrahtinstrumente	± 0,4

c) Diese Fehlergrenzen gelten bei Spannungs- und Strommessern für kurz- und langdauernde Einschaltung, bei Leistungsmessern für Dauereinschaltung des Spannungspfades und kurz- oder langdauernde Einschaltung des Strompfades mit den Nennwerten der Spannung bzw. des Stromes.

Sie gelten ferner unter der Voraussetzung,
daß der Einfluß von Fremdfeldern aus dem Prüfungsergebnis ausgeschieden ist;
daß Drehspulinstrumente, bei denen ein Nord-Süd-Pfeil angebracht ist, in der durch diesen Pfeil gekennzeichneten Lage gemessen sind;
daß die Wechselstromprüfungen mit Wechselstrom von praktisch sinusförmiger Kurvenform ausgeführt sind.

d) Die Meßgeräte müssen die in Ziffer 35 angegebene Prüfung auf Isolierfestigkeit aushalten.

G. Verkehrsfehlergrenzen.

52. Verkehrsfehlergrenzen für Gleichstromzähler.

a) Die Abweichung der Verbrauchsanzeige von dem wahren Verbrauch darf bei Belastungen zwischen der Höchstlast, für die der Zähler bestimmt ist, und dem

10. Teil derselben nirgends mehr betragen als

$$\pm F = 6 + 0{,}6 \frac{P_H}{P} \text{ Prozente}$$

des jeweiligen wahren Verbrauchs (vgl. Tafel I). Hierin ist P_H die Höchstlast, P die jeweilige Last. Bei dem 25. Teil der Höchstlast darf der Fehler nicht mehr als $\pm$ 50% betragen. Die Höchstlast, für die der Zähler bestimmt ist, wird durch den Anschlußwert der Anlage, deren Verbrauch der Zähler messen soll, bestimmt.

Diese Bestimmungen sind nur gültig, soweit die Leistung nicht unter 30 Watt sinkt.

b) Bei einem unbelasteten Zähler darf der Vorlauf oder Rücklauf nicht mehr betragen, als $^1/_{200}$ seiner Nennlast entspricht.

53. Verkehrsfehlergrenzen für Wechselstromzähler.

a) Die Abweichung der Verbrauchsanzeige von dem wahren Verbrauch darf bei Belastungen zwischen der Höchstlast und dem 10. Teil derselben nirgends mehr betragen als

$$\pm F = 6 + 0{,}6 \frac{P_H}{P} + 2 \operatorname{tg} \varphi \text{ Prozente}$$

des jeweiligen wahren Verbrauchs (vgl. Tafel VI). Hierin ist P_H die Höchstlast des Zählers, P die jeweilige Last, $\operatorname{tg} \varphi$ die trigonometrische Tangente desjenigen Winkels, dessen Kosinus gleich dem Leistungsfaktor ist; $\operatorname{tg} \varphi$ ist unabhängig vom Sinne der Phasenverschiebung stets positiv einzusetzen.

Bei dem 25. Teil der Höchstlast darf der Fehler nicht mehr als $\pm$ 50% betragen. Die Höchstlast, für die der Zähler bestimmt ist, wird durch den Anschlußwert der Anlage, deren Verbrauch der Zähler messen soll, bestimmt.

Diese Bestimmungen sind nur gültig, soweit die Leistung nicht unter 30 Watt sinkt.

b) Bei einem unbelasteten Zähler darf der Vorlauf oder Rücklauf nicht mehr betragen, als $^{1}/_{200}$ seiner Nennlast entspricht.

H. Gebühren der Physikalisch-Technischen Reichsanstalt.

I. Systemprüfungen.

54. **System-Hauptprüfungen** eines Systems von
   a) Elektrizitätszählern, Strom-, Spannungs- oder Leistungsmessern . . . . 300 *RM*
   b) Blindverbrauchszählern, soweit ihr System als Wirkverbrauchszähler bereits zur Beglaubigung zugelassen ist . . . . 200 „
   c) Strom- oder Spannungswandlern
      Grundgebühr . . . . 200 „
      Zuschlag für jede weitere Isolationsstufe 20 „

55. **System-Ergänzungsprüfungen** eines Systems von
   a) Elektrizitätszählern, Strom-, Spannungs- oder Leistungsmessern . . . . 100 „
   b) Strom- oder Spannungswandlern
      Grundgebühr . . . . 100 „
      Zuschlag für jede weitere Isolationsstufe 20 „

56. **Zulassung von Änderungen** bei einem System, die ohne experimentelle Prüfung ausgesprochen wird . . . . 30 „

57. **Kosten der Veröffentlichung.**

Außer den vorstehend angegebenen Gebühren sind die Kosten für die Veröffentlichung der Zulassung zur Beglaubigung vom Antragsteller zu tragen.

II. Stückprüfungen.

Elektrizitätszähler.

58. Gleichstrommotorzähler bis 500 V.

Strommeßbereich	Zweileiter	Dreileiter
bis 200 A	20 RM	25 RM
„ 500 „	25 „	30 „
„ 1000 „	30 „	35 „
„ 1500 „	35 „	42 „
„ 2000 „	40 „	50 „
„ 3000 „	50 „	60 „
„ n* × 1000 A	[20 + (10 × n)] RM	[30 + (10 × n)] RM

Zuschlag für weitere je 500 V: 3 RM.

59. Wechsel- und Drehstrommotorzähler.

a) ohne Meßwandler.

Meßbereich	Einphasenzähler		Drehstromzähler	
	Zweileiter	Dreileiter	ohne Nulleiter	mit Nulleiter
bis 500 V, 100 A	20 RM	25 RM	30 RM	40 RM
„ 1000 „, 200 „	25 „	30 „	38 „	50 „

b) mit Stromwandlern.

Meßbereich	Einphasenzähler		Drehstromzähler	
	Zweileiter	Dreileiter	ohne Nulleiter	mit Nulleiter
bis 500 kW . .	30 RM	40 RM	45 RM	60 RM
„ 1000 „ . .	35 „	45 „	50 „	65 „
„ 1500 „ . .	40 „	50 „	55 „	70 „
„ 2000 „ . .	45 „	55 „	60 „	75 „
„ n* × 1000 kW	[25 + (10 × n)]		[40 + (10 × n)]	[55 + (10 × n)]

c) mit Strom- und Spannungswandlern.

Meßbereich	Einphasenzähler Zweileiter	Drehstromzähler	
		ohne Nulleiter	mit Nulleiter
bis 500 kW	40 RM	60 RM	75 RM
„ 1000 „	45 „	65 „	80 „
„ 1500 „	50 „	70 „	85 „
„ 2000 „	55 „	75 „	90 „
„ n* × 1000 kW .	[35 + (10 × n)]	[55 + (10 × n)]	[70 + (10 × n)]

* n = ganze Zahl.

Wenn die Spannungs- und die Stromwandler fehlen, werden 70%, wenn die Spannungs- oder die Stromwandler fehlen, werden 90% der obigen Sätze erhoben.

Wenn die Einsendung der Wandler aus einem von der PTR anzuerkennenden Grunde unmöglich ist, kann auf Antrag die Prüfung zu den Gebührensätzen gemäß Ziffer 59a ausgeführt werden.

60. **Zuschläge.** Die Gebühren der Ziffern 58—59 gelten für die Grundprüfung gemäß Ziffer 20 dieser Prüfordnung. An Zuschlägen werden berechnet

a) für jede Messung bei einer weiteren Belastung 10% der Grundgebühren der Zähler ohne Meßwandler,
b) für jede weitere einstündige Dauereinschaltung 10% der Grundgebühren, mindestens aber 5 *RM*
c) für die Messung des Eigenverbrauchs einer Hauptstromspule, des Eigenverbrauchs einer Spannungsspule, des Drehmoments je . . 4 „
d) für die Erzeugung einer vorgeschriebenen, von der Zimmertemperatur abweichenden Temperatur . . . . 10 „
e) für Höchstverbrauchsmesser ein Zuschlag von 3—6 „
f) für registrierende Höchstverbrauchsmesser ein Zuschlag von . . . . 13 „
g) für Prüfung einer Rücklaufhemmung . . . 2 „

61. **Elektrolyt- und Pendelzähler.** Bei Elektrolyt- und Pendelzählern tritt ein Zuschlag von 30% zu den Gebühren für Motorzähler.

Strom- und Spannungswandler.

62. Stromwandler.

Meßbereich[1]		Meßbereich	
bis 200 A	15 *RM*	bis 1500 A	24 *RM*
„ 500 „	18 „	„ 2000 „	27 „
„ 1000 „	21 „	„ 3000 „	33 „
		„ n^* × 1000 A . .	[15 + (6 × n)] *RM*

[1] Bei umschaltbaren Wandlern wird die Grundgebühr nach dem höchsten Meßbereich berechnet.

63. Spannungswandler.

Meßbereich[1]	Einphasenwandler	Mehrphasenwandler
bis 5000 V	15 *RM*	27 *RM*
„ 10000 „	20 „	36 „
„ n^* × 5000 V . . .	[10 + (5 × n)] *RM*	[18 + (9 × n)] *RM*

64. Zuschläge. Die Gebühren der Ziffern 62 und 63 gelten für die Grundprüfung gemäß den Ziffern 24 und 25 dieser Prüfordnung. Es werden an Zuschlägen berechnet

a) für jede Messung bei einer weiteren Belastung

bei einphasigen Wandlern 10% der Grundgebühren
bei dreiphasigen „ 7% „ „

b) für die Beglaubigung und für die Feststellung, ob ein Wandler die Fehlergrenzen der vom Verband Deutscher Elektrotechniker herausgegebenen Regeln für Wandler einhält, bei einphasigen Wandlern 20%, bei dreiphasigen Wandlern 35% der Grundgebühr.

Strom-, Spannungs- und Leistungsmesser.

65. Strommesser geprüft mit Gleich- oder Wechselstrom.

Meßbereich	Betriebs-meßgerät	Feinmeßgerät	
		Drehspul	Dynamometer
bis 200 A . . .	10 *RM*	15 *RM*	20 *RM*
„ 500 „ . . .	13 „	19 „	25 „
„ 1000 „ . . .	16 „	23 „	30 „
„ 1500 „ . . .	19 „	27 „	35 „
„ 2000 „ . . .	22 „	31 „	40 „
„ 3000 „ . . .	28 „	39 „	50 „
„ n^* × 1000 A	[10 + (6 × n)] *RM*	[15 + (8 × n)] *RM*	[20 + (10 × n)] *RM*

[1] Bei umschaltbaren Wandlern wird die Grundgebühr nach dem höchsten Meßbereich berechnet.

* n = ganze Zahl.

66. Spannungsmesser geprüft mit Gleich- oder Wechselstrom.

Meßbereich	Betriebs-meßgerät	Feinmeßgerät	
		Drehspul	Dynamometer
bis 500 V	10 RM	15 RM	20 RM
„ 1000 „	12 „	18 „	25 „
„ 5000 „	15 „	23 „	30 „
„ n^* × 5000 V . . .	[10 + (5 × n)] RM	—	—

67. Leistungsmesser geprüft mit Gleichstrom bis 500 V.

Strommeßbereich	Betriebsmeßgerät	Feinmeßgerät
bis 200 A	15 RM	20 RM
„ 500 „	18 „	25 „
„ 1000 „	23 „	32 „
„ 1500 „	27 „	38 „
„ 2000 „	31 „	44 „
„ n^* × 1000 A	[15 + (8 × n)] RM	[20 + (12 × n)] RM

Zuschläge für weitere je 500 V: 3 RM
Zuschlag: Kontrolle mit Wechselstrom 20% der Grundgebühren.

68. Leistungsmesser geprüft mit Wechselstrom von 15 bis 65 Hz.

a) ohne Meßwandler.

Meßbereich	Betriebsmeßgerät für		Feinmeßgerät für	
	Einphasenstrom bei 4 Belastungen	Mehrphasenstrom bei 5 Belastungen	Einphasenstrom bei 4 Belastungen	Mehrphasenstrom
bis 100 A 500 V	12 RM	18 RM	25 RM	nach der Arbeitszeit
„ 400 A 1000 „	18 „	24 „	33 „	

b) mit Stromwandlern.

Meßbereich	Betriebsmeßgerät für		Feinmeßgerät
	Einphasenstrom	Mehrphasenstrom	
bis 500 kW . .	23 RM	32 RM	siehe Nr. 69g
„ 1000 „ . .	27 „	36 „	
„ 2000 „ . .	31 „	40 „	
„ n^* × 1000 kW	[23 + (4 × n)] RM	[32 + (4 × n)] RM	

* n = ganze Zahl.

c) mit Strom- und Spannungswandlern.

Meßbereich	Betriebsmeßgerät für		Feinmeßgerät
	Einphasenstrom	Mehrphasenstrom	
bis 500 kW . .	30 *RM*	45 *RM*	siehe Nr. 69g
„ 1000 „ . .	34 „	49 „	
„ 2000 „ . .	38 „	53 „	
„ $n^* \times 1000$ kW	[30 + (4 × *n*)] *RM*	[45 + (4 × *n*)] *RM*	

69. Zuschläge.

a) Die Gebühren der Ziffern 65—68 gelten für die Grundprüfung gemäß Ziffer 34. Für jede Messung bei einem weiteren Punkt der Skala wird ein Aufschlag von 10% der Grundgebühr berechnet.

b) Bei einem Instrument mit mehreren Meßbereichen wird die Gebühr für den höchsten Meßbereich, in dem geprüft wird, zugrunde gelegt. Für jede Messung in anderen Meßbereichen tritt ein Zuschlag hinzu, der sich zu 10% des für den jeweiligen Meßbereich geltenden Satzes berechnet.

c) Wird ein Apparat für verschiedene Verwendungszwecke z. B. als Spannungsmesser und Strommesser geprüft, so wird nur der höchste in Frage kommende Satz in Rechnung gestellt, zu dem dann Zuschläge von je 10% des für den jeweiligen Meßbereich geltenden Satzes für jeden weiteren Messungspunkt hinzutreten.

d) Die Gebührensätze für Wechselstrom gelten für den Frequenzbereich 15 bis 65 Hz. Für den Frequenzbereich 66 bis 250 Hz wird ein Aufschlag von 20%, für den Frequenzbereich 251 bis 2000 Hz von 40% berechnet.

Wird ein Apparat sowohl mit Gleichstrom wie mit Wechselstrom geprüft, so wird die Berechnung der Gebühren ausgeführt, wie wenn zwei verschiedene Apparate geprüft wären.

---

* n = ganze Zahl.

e) Für die Erzeugung einer vorgeschriebenen, von der Zimmertemperatur abweichenden Temperatur wird ein Zuschlag von 10 RM berechnet.

f) Für die Prüfung eines Registrierapparates wird ein Zuschlag von 10 RM erhoben.

g) Bei einem Feinmeßgerät mit Meßwandlern wird jeder Apparat getrennt geprüft und für jeden die einschlägige Gebühr berechnet, wobei für das Instrument der Meßbereich ohne Wandler zugrunde gelegt wird.

h) Sind mehrere Betriebsmeßgeräte (z. B. auch Zähler) zum gleichzeitigen Anschluß an dieselben Meßwandler bestimmt, so wird nur für einen Apparat die Gebühr gemäß dem durch die Meßwandler erweiterten Meßbereich berechnet, und zwar für den Apparat, für welchen sich der höchste Gebührensatz ergibt, z. B. den Zähler. Den Gebühren für die anderen Instrumente werden dann die Meßbereiche ohne Meßwandler zugrunde gelegt.

Allgemeine Bestimmungen.

70. Kosten der Vorbesichtigung. Wird ein Meßgerät auf Grund einer Vorbesichtigung von der Prüfung ausgeschlossen, so sind 2,— RM Gebühren zu entrichten.

71. Schadhafte Meßgeräte. Stellt sich im Laufe der Prüfung heraus, daß der zu prüfende Apparat schadhaft ist, so werden die Gebühren nach dem Aufwand an Arbeitszeit, elektrischer Energie und Material berechnet.

Wird der Apparat nach der Instandsetzung wieder eingeschickt, so werden für die neue Prüfung die vollen Gebühren angesetzt.

72. Prüfungen am Betriebsorte. Für Prüfungen außerhalb der Reichsanstalt wird in der Regel das anderthalbfache der Gebühren in Rechnung gestellt; in besonderen Fällen kann auch eine Berechnung der Gebühren nach dem erforderlichen Zeitaufwande stattfinden. Reise- und Tagegelder, Transportkosten für Apparate usw. sind besonders zu vergüten.

J. Gebühren der Elektrischen Prüfämter.

Stückprüfungen.

73. Gleichstromzähler.

a) Wattstundenzähler bis 500 V.

Strommeßbereich	Zweileiter	Dreileiter
bis 10 A	5 *RM*	6 *RM*
„ 30 „	7,5 „	9 „
„ 50 „	10 „	12 „
„ 100 „	15 „	18 „
„ 200 „	20 „	25 „
„ 500 „	25 „	30 „
„ 1000 „	30 „	35 „
„ 1500 „	35 „	42 „
„ $n^* \times 1000$ „	$[20 + (10 \times n)]$ *RM*	$[30 + (10 \times n)]$ *RM*

Zuschlag für weitere je 500 V: 3 *RM*

b) Amperestundenzähler.

Strommeßbereich	
bis 10 A	3 *RM*
„ 30 „	5 „
„ 50 „	9 „
„ 100 „	15 „

Für höhere Stromstärken sind die Gebühren die gleichen wie die für Wattstunden-Zweileiterzähler.

74. Wechselstromzähler.

a) ohne Meßwandler bis 500 V.

Strommeßbereich	Einphasenzähler		Dreiphasenzähler	
	Zweileiter	Dreileiter	ohne Nulleiter	mit Nulleiter
bis 10 A . . .	5 *RM*	6 *RM*	7,5 *RM*	12 *RM*
„ 30 „ . . .	7,5 „	9 „	11 „	16 „
„ 50 „ . . .	10 „	12 „	15 „	20 „
„ 100 „ . . .	15 „	18 „	22 „	27 „
„ 200 „ . . .	20 „	25 „	30 „	35 „
„ 500 „ . . .	25 „	30 „	35 „	40 „

Zuschlag für weitere je 500 V: 3 *RM*

b) mit Stromwandlern,

c) mit Strom- und Spannungswandlern.

---

* n = ganze Zahl.

Für b) und c) werden die gleichen Gebühren erhoben wie in Ziffer 59b und c angegeben.

Wenn die Einsendung der Wandler aus einem von dem Elektrischen Prüfamt anzuerkennenden Grunde unmöglich ist, kann auf Antrag die Prüfung zu den Gebührensätzen gemäß Ziffer 74a ausgeführt werden. Andernfalls gelten die Bestimmungen des vorletzten Absatzes der Ziffer 59c.

75. **Strom- und Spannungswandler.** Es werden die gleichen Gebühren erhoben wie in den Ziffern 62—64 angegeben ist.

76. **Strom-, Spannungs- und Leistungsmesser.** Es werden die gleichen Gebühren erhoben, wie in den Ziffern 65—69 angegeben ist.

Allgemeine Bestimmungen.

77. **Kosten der Vorbesichtigung.** Wird ein Meßgerät auf Grund einer Vorbesichtigung von der Prüfung ausgeschlossen, so sind 2,— *RM* Gebühren zu entrichten.

78. **Schadhafte Apparate.** Stellt sich im Laufe der Prüfung heraus, daß der zu prüfende Apparat schadhaft ist, so werden die Gebühren nach dem Aufwand an Arbeitszeit, elektrischer Energie und Material berechnet.

Wird der Apparat nach der Reparatur wieder eingeschickt, so werden für die neue Prüfung die vollen Gebühren angesetzt.

79. **Prüfungen am Betriebsorte.** Die Gebühren für Prüfungen außerhalb der Prüfämter werden nach dem Zeitaufwand nach näherer Vereinbarung berechnet.

80. **Ermäßigung von Gebühren.** Werden mehrere einander gleiche Apparate zusammen eingereicht, die gleichzeitig und in genau derselben Weise geprüft werden können, oder werden laufende Prüfungen auf Grund einer festen Vereinbarung mit Elektrizitätswerken usw. ausgeführt, so tritt im allgemeinen eine Ermäßigung der Gebühren ein.

Berlin-Charlottenburg, den 1. Januar 1933.

Physikalisch-Technische Reichsanstalt
Paschen

K. Anhang.

Gesetz betreffend die elektrischen Maßeinheiten vom 1. Juni 1898 (Reichsgesetzblatt 1898, S. 905).

§ 1.

Die gesetzlichen Einheiten für elektrische Messungen sind das Ohm, das Ampere und das Volt.

§ 2.

Das Ohm ist die Einheit des elektrischen Widerstandes. Es wird dargestellt durch den Widerstand einer Quecksilbersäule von der Temperatur des schmelzenden Eises, deren Länge bei durchweg gleichem, einem Quadratmillimeter gleich zu achtendem Querschnitt 106,3 Zentimeter und deren Masse 14,4521 Gramm beträgt.

§ 3.

Das Ampere ist die Einheit der elektrischen Stromstärke. Es wird dargestellt durch den unveränderlichen elektrischen Strom, welcher bei dem Durchgange durch eine wässerige Lösung von Silbernitrat in einer Sekunde 0,001118 Gramm Silber niederschlägt.

§ 4.

Das Volt ist die Einheit der elektromotorischen Kraft. Es wird dargestellt durch die elektromotorische Kraft, welche in einem Leiter, dessen Widerstand ein Ohm beträgt, einen elektrischen Strom von einem Ampere erzeugt.

§ 5.

Der Bundesrat[1] ist ermächtigt:

a) die Bedingungen festzusetzen, unter denen bei Darstellung des Ampere (§ 3) die Abscheidung des Silbers stattzufinden hat,

b) Bezeichnungen für die Einheiten der Elektrizitätsmenge, der elektrischen Arbeit und Leistung, der elektrischen Kapazität und der elektrischen Induktion festzusetzen,

---

[1] Jetzt: Reichsregierung mit Zustimmung des Reichsrates.

c) Bezeichnungen für die Vielfachen und Teile der elektrischen Einheiten (§§ 1, 5b) vorzuschreiben,
d) zu bestimmen, in welcher Weise die Stärke, die elektromotorische Kraft, die Arbeit und Leistung der Wechselströme zu berechnen ist.

§ 6.

Bei der gewerbsmäßigen Abgabe elektrischer Arbeit dürfen Meßwerkzeuge, sofern sie nach den Lieferungsbedingungen zur Bestimmung der Vergütung dienen sollen, nur verwendet werden, wenn ihre Angaben auf den gesetzlichen Einheiten beruhen. Der Gebrauch unrichtiger Meßgeräte ist verboten. Der Bundesrat hat nach Anhörung der Physikalisch-Technischen Reichsanstalt die äußersten Grenzen der zu duldenden Abweichungen von der Richtigkeit festzusetzen.

Der Bundesrat ist ermächtigt, Vorschriften darüber zu erlassen, inwieweit die im Absatz 1 bezeichneten Meßwerkzeuge amtlich beglaubigt oder einer wiederkehrenden amtlichen Überwachung unterworfen sein sollen.

§ 7.

Die Physikalisch-Technische Reichsanstalt hat Quecksilbernormale des Ohm herzustellen und für deren Kontrolle und sichere Aufbewahrung an verschiedenen Orten zu sorgen. Der Widerstandswert von Normalen aus festen Metallen, welche zu den Beglaubigungsarbeiten dienen, ist durch alljährlich zu wiederholende Vergleichungen mit den Quecksilbernormalen sicherzustellen.

§ 8.

Die Physikalisch-Technische Reichsanstalt hat für die Ausgabe amtlich beglaubigter Widerstände und galvanischer Normalelemente zur Ermittelung der Stromstärken und Spannungen Sorge zu tragen.

§ 9.

Die amtliche Prüfung und Beglaubigung elektrischer Meßgeräte erfolgt durch die Physikalisch-Technische Reichsanstalt.

Der Reichskanzler kann die Befugnis hierzu auch anderen Stellen übertragen. Alle zur Ausführung der amtlichen Prüfung benutzten Normale und Normalgeräte müssen durch die Physikalisch-Technische Reichsanstalt beglaubigt sein.

§ 10.

Die Physikalisch-Technische Reichsanstalt hat darüber zu wachen, daß bei der amtlichen Prüfung und Beglaubigung elektrischer Meßgeräte im ganzen Reichsgebiete nach übereinstimmenden Grundsätzen verfahren wird. Sie hat die technische Aufsicht über das Prüfungswesen zu führen und alle darauf bezüglichen Vorschriften zu erlassen. Insbesondere liegt ihr ob, zu bestimmen, welche Arten von Meßgeräten zur amtlichen Beglaubigung zugelassen werden sollen, über Material, sonstige Beschaffenheit und Bezeichnung der Meßgeräte Bestimmungen zu treffen, das bei der Prüfung und Beglaubigung zu beobachtende Verfahren zu regeln, sowie die zu erhebenden Gebühren und das bei den Beglaubigungen anzuwendende Stempelzeichen festzusetzen.

§ 11.

Die nach Maßgabe dieses Gesetzes beglaubigten Meßgeräte können im ganzen Umfange des Reiches im Verkehr angewendet werden.

§ 12.

Wer bei der gewerbsmäßigen Abgabe elektrischer Arbeit den Bestimmungen im § 6 oder den auf Grund derselben ergehenden Verordnungen zuwiderhandelt, wird mit Geldstrafe bis zu einhundert Mark oder mit Haft bis zu vier Wochen bestraft. Neben der Strafe kann auf Einziehung der vorschriftswidrigen oder unrichtigen Meßwerkzeuge erkannt werden.

§ 13.

Dieses Gesetz tritt mit den Bestimmungen in §§ 6 und 12 am 1. Januar 1902, im übrigen am Tage seiner Verkündigung in Kraft.

Tafelanhang.

Tafel I.

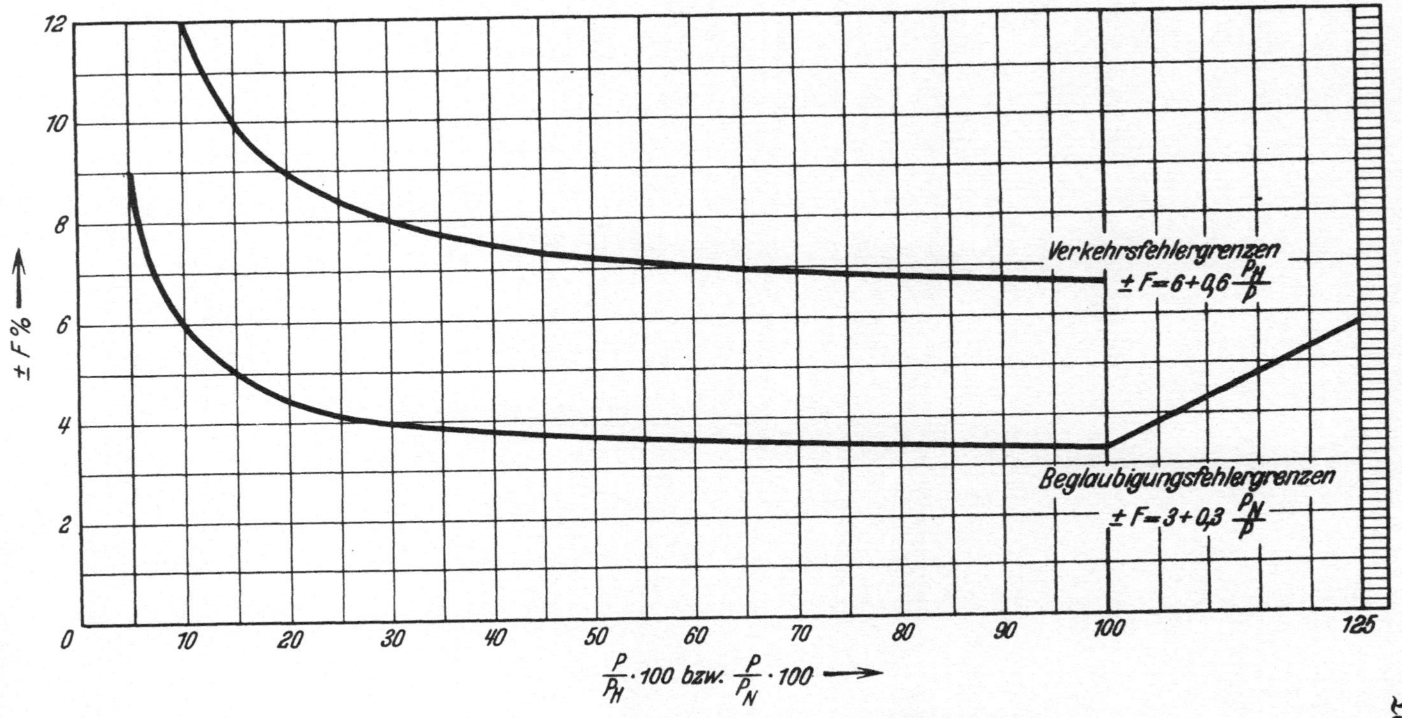

Beglaubigungs- und Verkehrsfehlergrenzen für Gleichstromzähler.

Verlag von Julius Springer, Berlin.

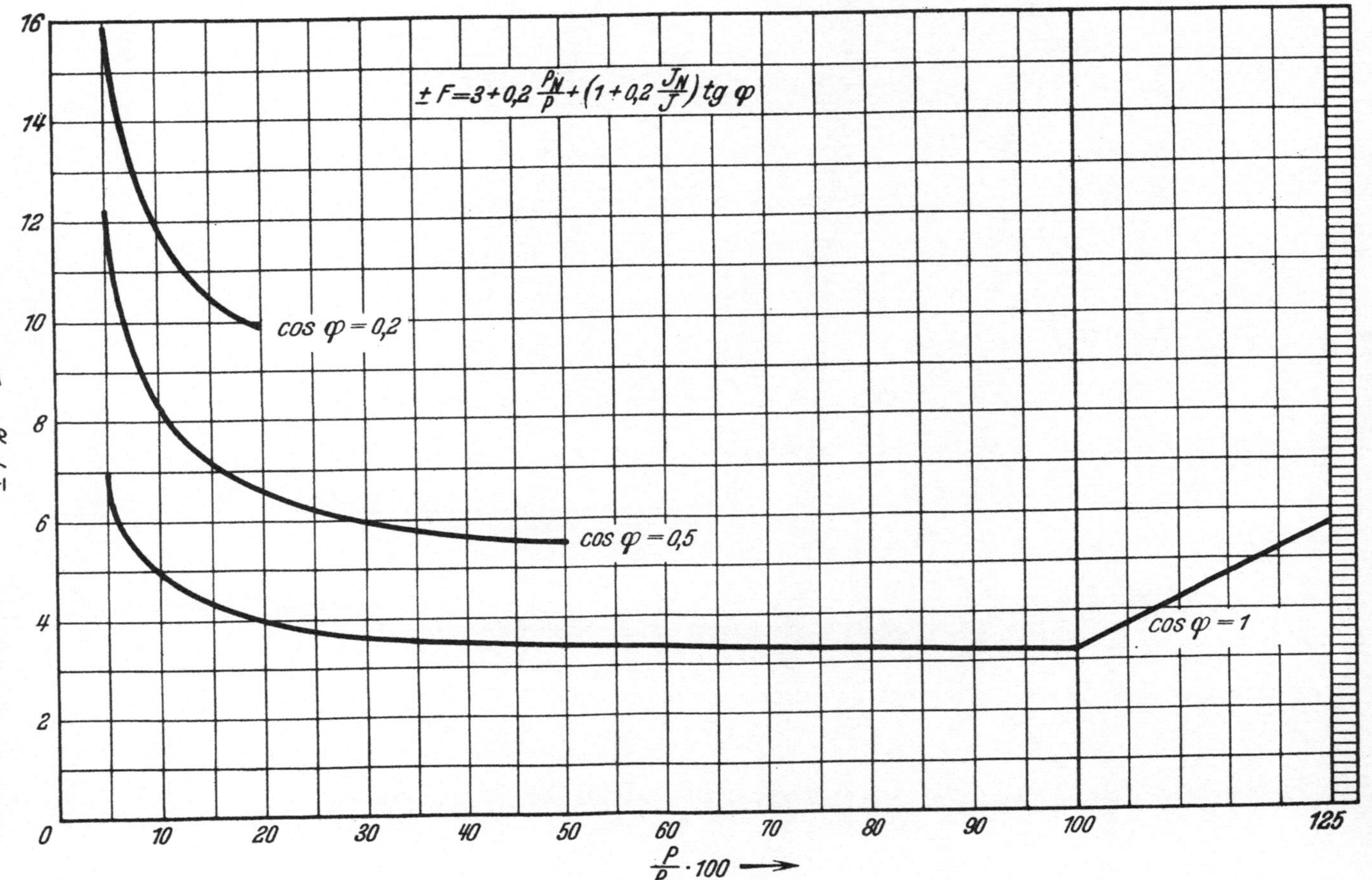

Beglaubigungsfehlergrenzen für ein- und mehrphasige Wechselstromzähler (Nach Ziffer 41).

Tafel IIb.

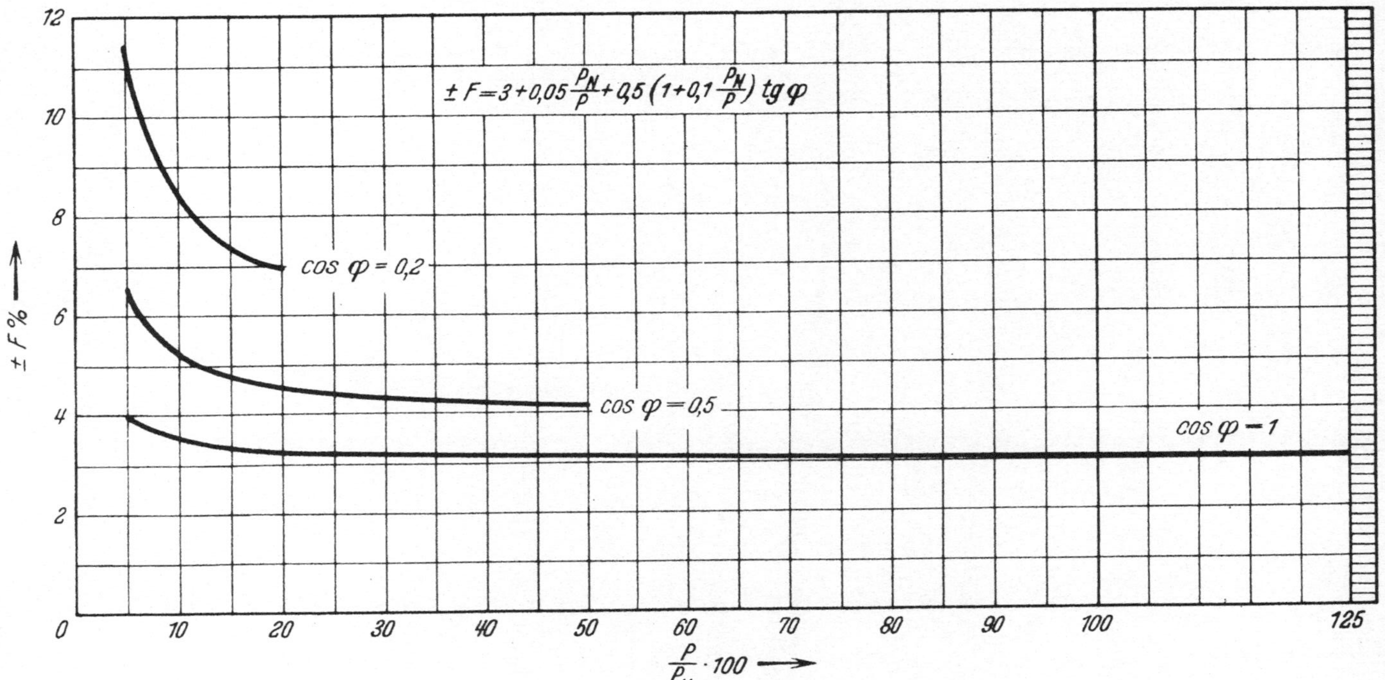

Neue Beglaubigungsfehlergrenzen für ein- und mehrphasige Wechselstromzähler (Nach Ziffer 41 A).

Tafel IIIa.

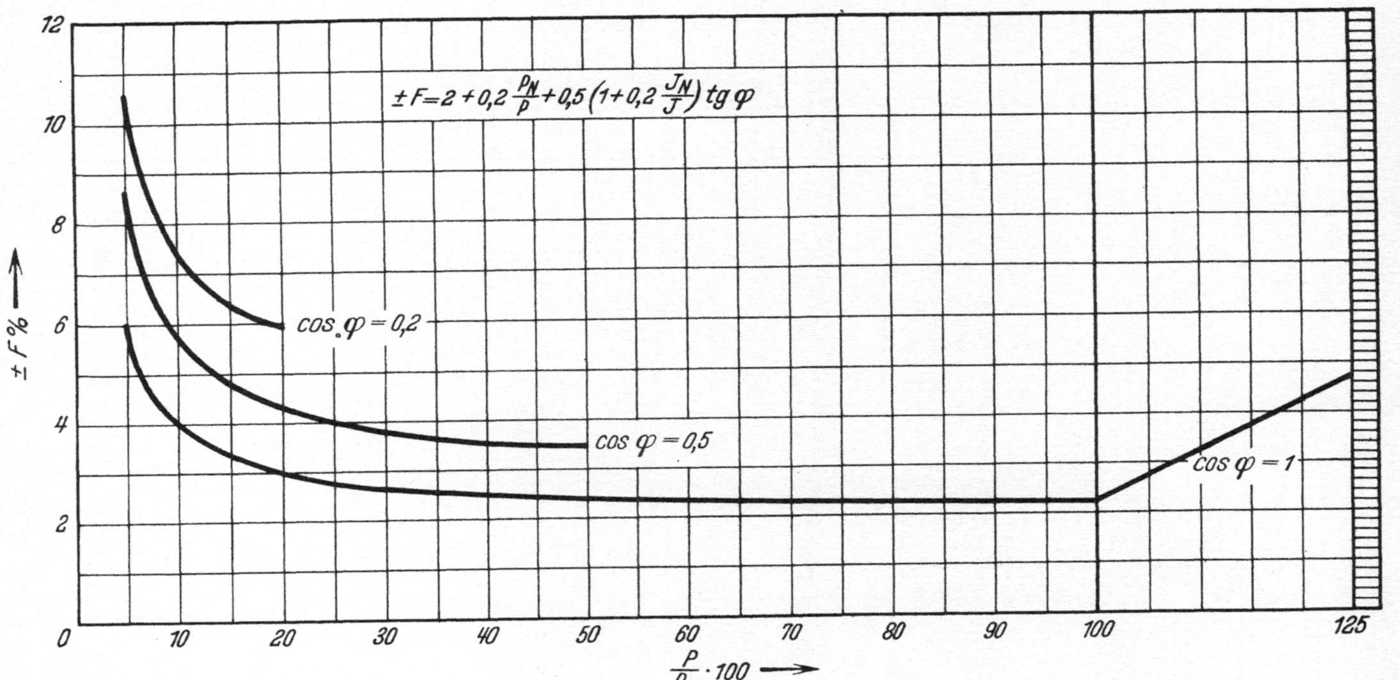

Beglaubigungsfehlergrenzen für Meßwandlerzähler (Nach Ziffer 42).

Tafel IIIb.

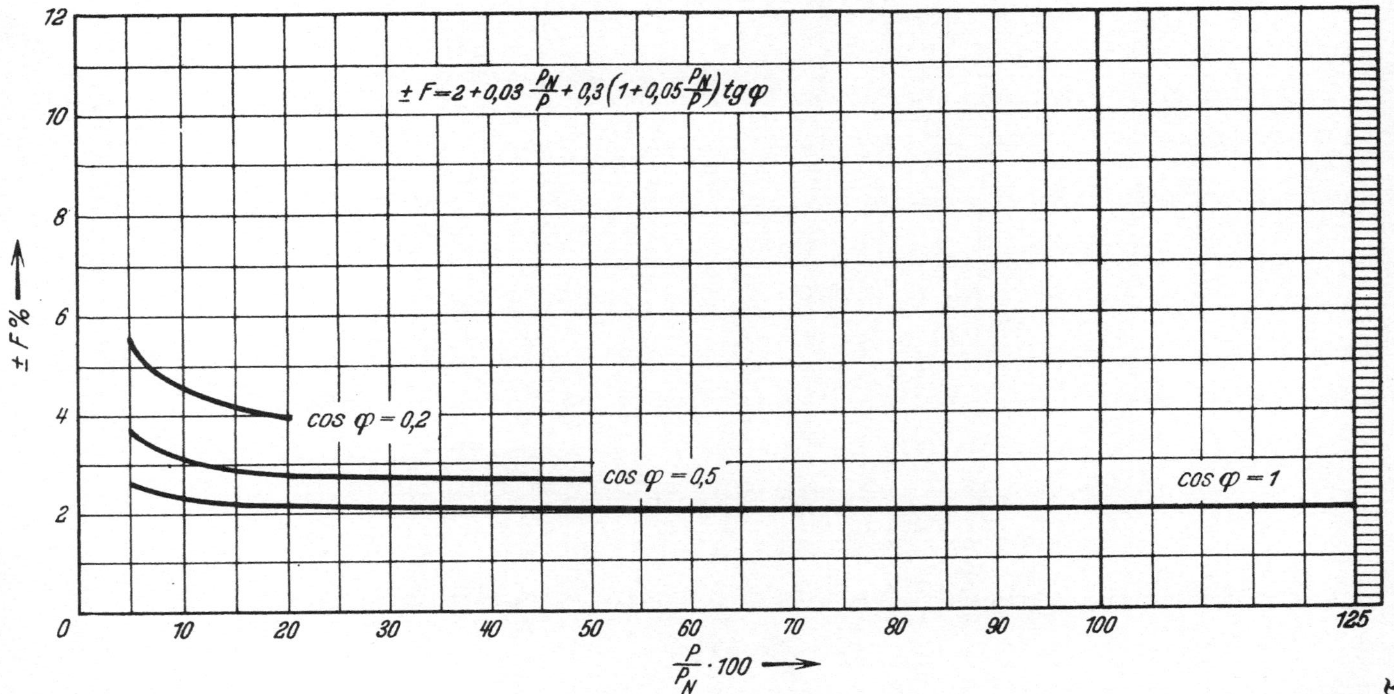

Neue Beglaubigungsfehlergrenzen für Meßwandlerzähler (Nach Ziffer 42 A).

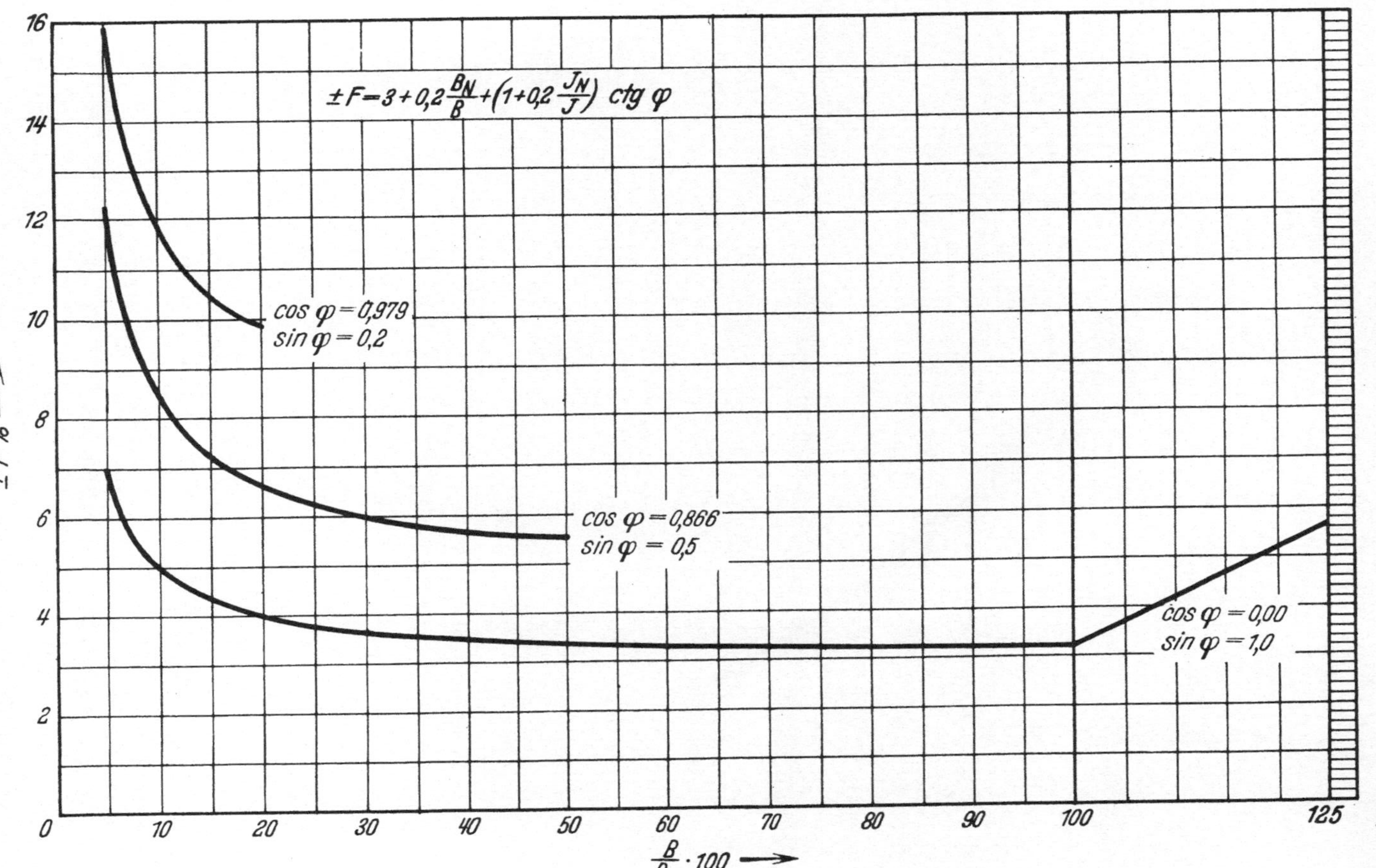

Beglaubigungsfehlergrenzen für Blindverbrauchszähler (Nach Ziffer 43).

Verlag von Julius Springer, Berlin.

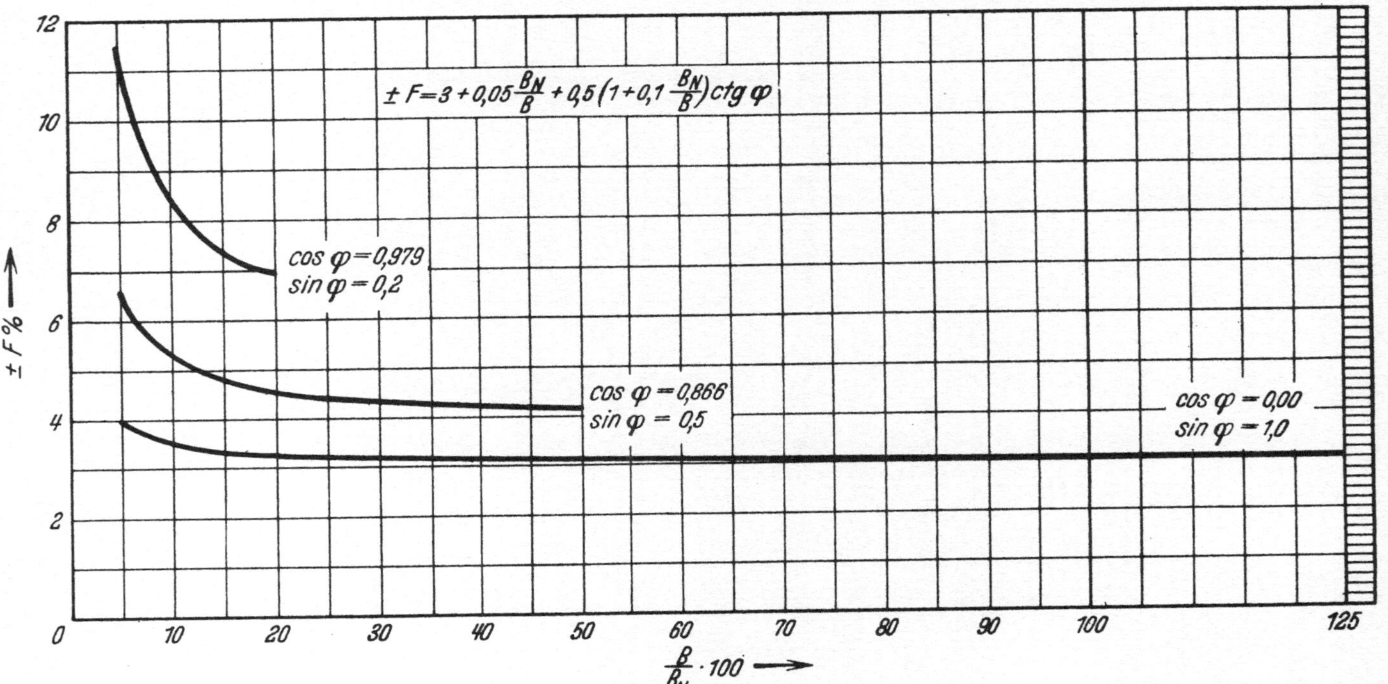

Neue Beglaubigungsfehlergrenzen für Blindverbrauchszähler (Nach Ziffer 43 A).

Verlag von Julius Springer, Berlin.

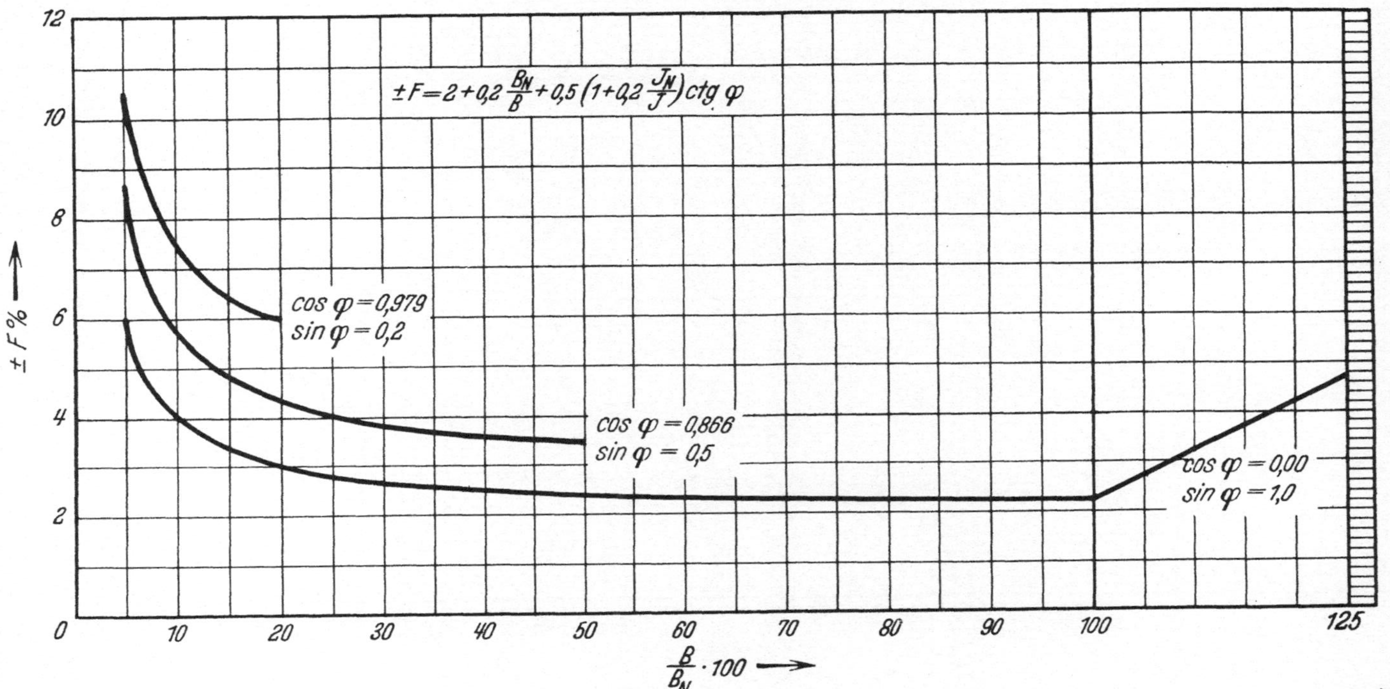

Beglaubigungsfehlergrenzen für Blindverbrauchsmeßwandlerzähler (Nach Ziffer 44).

Tafel Vb.

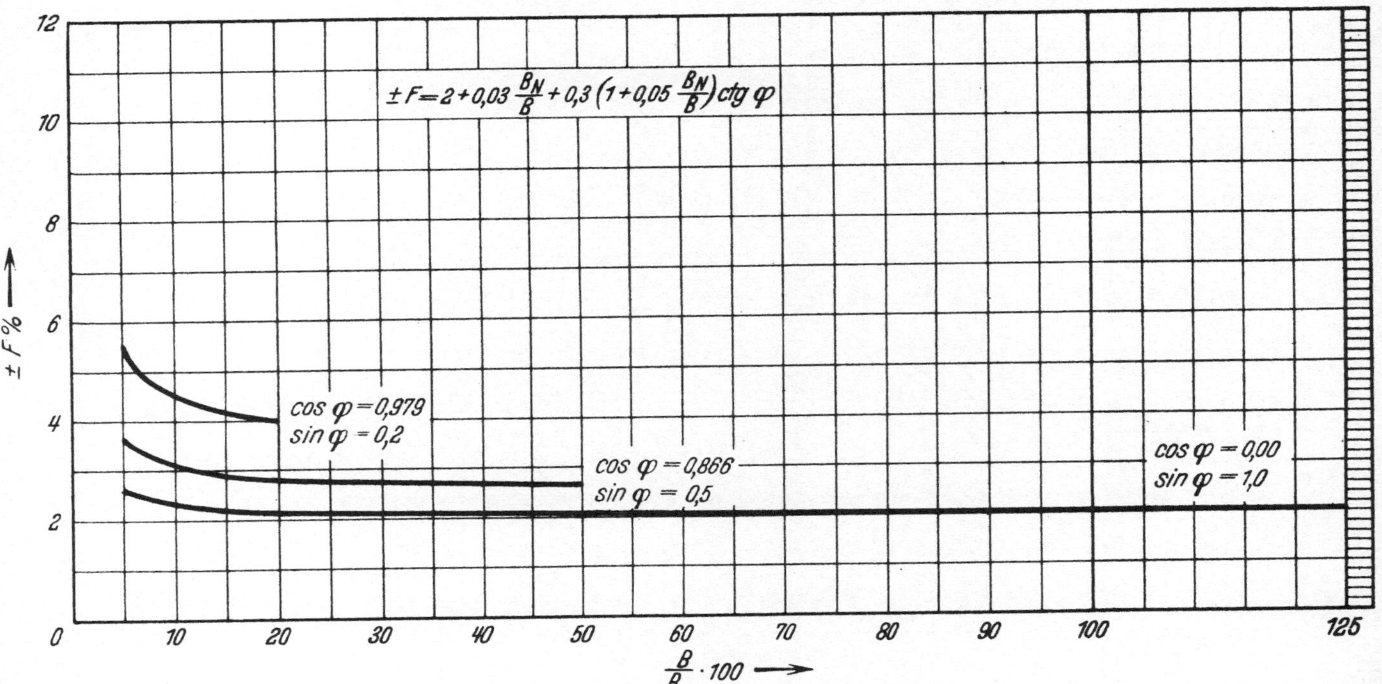

Neue Beglaubigungsfehlergrenzen für Blindverbrauchsmeßwandlerzähler (Nach Ziffer 44 A).

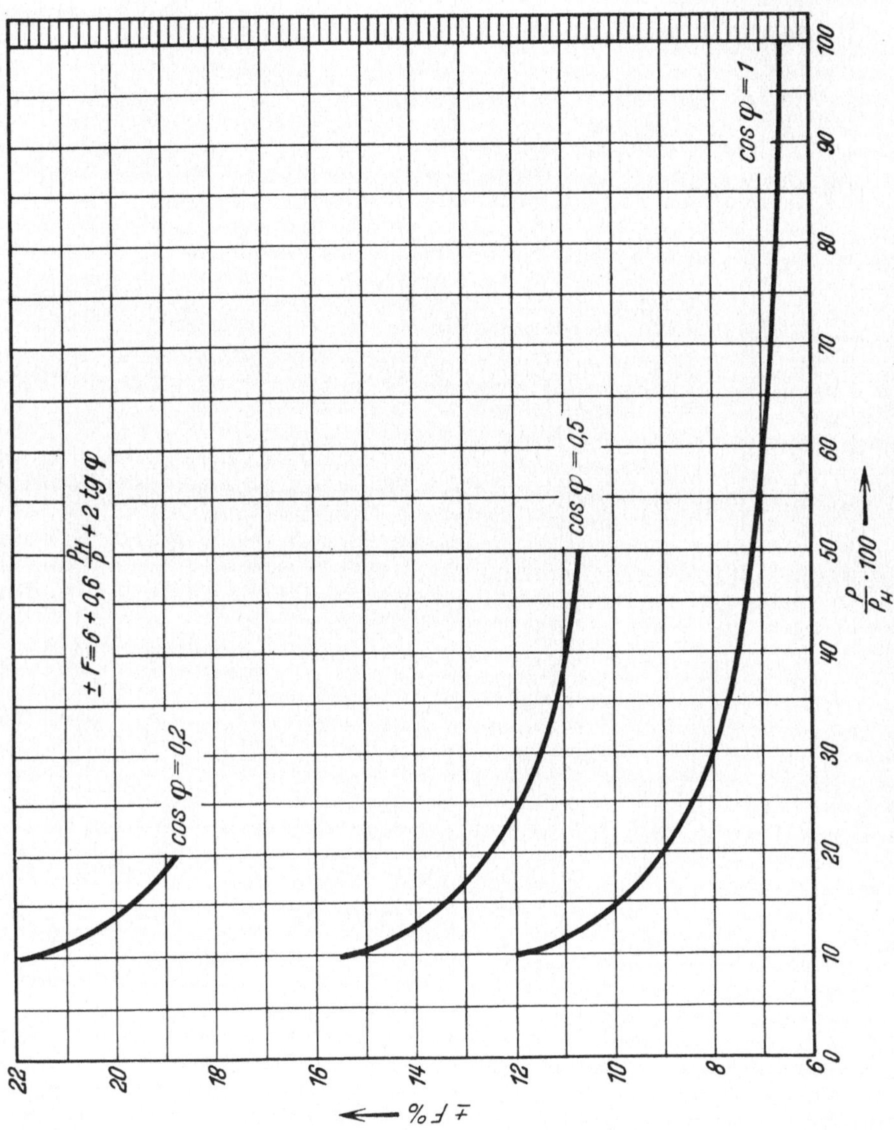

Verkehrsfehlergrenzen für ein- und mehrphasige Wechselstromzähler.